玫瑰茄生物学特征

图1　紫红花萼

图2　玫红花萼

图3　米白花萼

图4　绿色花萼

图5　杯形花萼

图6　桃形花萼

图 7　玫瑰茄不同的茎色

图 8　玫瑰茄的叶周期

图 9　玫瑰茄花的剖面图

图 10　玫瑰茄花萼腺及花萼腺解剖图

图 11　玫瑰茄蒴果

图 12　玫瑰茄种子

图 13　玫瑰茄杂交过程

图14 桂玫瑰茄1号

图15 桂玫瑰茄2号

图16 桂玫瑰茄3号

图17　桂玫瑰茄5号

图18　桂玫瑰茄6号

图19 玫瑰茄高产栽培（苗期）

图20 一年两熟栽培技术（春季栽培短日照处理）

图21 春季短日处理（第一次收获）　　图22 一年两熟栽培技术（秋季栽培）

图23　玫瑰茄直播盆景

图24　玫瑰茄扦插盆景

图25　玫瑰茄嫁接盆景

玫瑰茄主要病害

图26 菌核病症状

图27 灰霉病叶部症状

图28 茎腐病茎部症状

图29 立枯病根部症状

图30 花叶病症状

图31 根腐病症状

玫瑰茄主要虫害

图32　尺　蠖　　　　　　　　　图33　蚧壳虫

图34　叶　蝉

图35　卷叶蛾

玫瑰茄茶饮

图36　玫瑰茄陈皮茶

图37　玫瑰茄菊花茶

图38　玫瑰茄银耳汤

图39　玫瑰茄山楂蜜

玫瑰茄佳肴

图40　玫瑰茄酿

图41　玫瑰茄糖醋鱼

图42　玫瑰茄排骨汤

图43　玫瑰茄酸红姜

玫瑰茄甜点

图44　玫瑰茄蜜饯

图45　玫瑰茄冰糖葫芦

图46　玫瑰茄果脯

图47　玫瑰茄果冻

图48　玫瑰茄曲奇

图49　玫瑰茄千层蛋糕

玫瑰茄面点

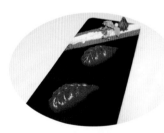

图50　玫瑰茄饺子

图52　玫瑰茄桃花酥

图53　玫瑰茄包子

图51　玫瑰茄泥花卷

图54　玫瑰茄双色馒头

麻类作物育种与栽培系列

玫瑰茄
栽培育种与综合利用

赵艳红　侯文焕 等　著

中国农业出版社
北　京

图书在版编目（CIP）数据

玫瑰茄栽培育种与综合利用 / 赵艳红等著. —北京：
中国农业出版社，2023.10
ISBN 978-7-109-31286-9

Ⅰ.①玫… Ⅱ.①赵… Ⅲ.①玫瑰茄－栽培技术
Ⅳ.①S571.9

中国国家版本馆 CIP 数据核字（2023）第 203176 号

玫瑰茄栽培育种与综合利用

MEIGUIQIE ZAIPEI YUZHONG YU ZONGHE LIYONG

中国农业出版社出版
地址：北京市朝阳区麦子店街 18 号楼
邮编：100125
责任编辑：孙鸣凤
版式设计：王　晨　责任校对：吴丽婷
印刷：北京中兴印刷有限公司
版次：2023 年 10 月第 1 版
印次：2023 年 10 月北京第 1 次印刷
发行：新华书店北京发行所
开本：700mm×1000mm　1/16
印张：6.5　插页：6
字数：126 千字
定价：69.00 元

本书著者名单

赵艳红　　侯文焕　　洪建基　　廖小芳

王会芳　　戴志刚　　唐兴富　　林珠凤

姚运法　　练冬梅　　韦袭芹　　李初英

目录
CONTENTS

第一章
玫瑰茄起源与分类

第一节　玫瑰茄的起源与分布

玫瑰茄（*Hibiscus sabdariffa* L.）又名洛神花、山茄、洛神葵等，是锦葵科木槿属一年生草本植物。玫瑰茄为四倍体植物（$2n=4x=72$），起源于非洲，栽培区域主要分布在全球的热带和亚热带地区，如苏丹、塞内加尔、坦桑尼亚、埃及、沙特阿拉伯、马里、中国、泰国、西印度群岛、尼日利亚、印度尼西亚、马来西亚、巴西等（Morton，1987；Da - Costa - Rocha et al.，2014）。目前我国的广西、广东、福建、云南等地已有大面积的种植栽培。

第二节　玫瑰茄的植物学分类

玫瑰茄（*Hibiscus sabdariffa* L.）属于锦葵科（Malvaceae）木槿属（*Hibiscus*）。木槿属分为 Furcaria、Alyogne、Abelmoschus、Ketmia、Calyphyllia、Azanza 6 个组，约有 400 多个种，其中玫瑰茄属于 Furcaria 组，Furcaria 组约 50 个种，普遍分布于热带和亚热带地区。

玫瑰茄是玫瑰麻的一个变种，玫瑰麻分为纤用型玫瑰麻［*H. sabdariffa* var. *altissima*（HSA）］和食用型玫瑰麻［*H. sabdariffa* var. *sabdariffa*（HSS）］（Sharma et al.，2016），玫瑰茄即食用型玫瑰麻。玫瑰茄根据花萼颜色可分为紫红玫瑰茄、玫红玫瑰茄、白色玫瑰茄、绿色玫瑰茄；根据花萼形状可分为杯形玫瑰茄、桃形玫瑰茄；根据生育期，可分为早熟玫瑰茄、中熟玫瑰茄和晚熟玫瑰茄。

一、按花萼颜色分类

（一）紫红

成熟期玫瑰茄花萼呈紫红色，茎为紫红或深紫色，花萼的形状为桃形或杯形（图1-1）。

图1-1　紫红花萼

（二）玫红

成熟期玫瑰茄花萼呈玫红色，茎为红绿镶嵌，花萼的形状为桃形或杯形（图1-2）。

图1-2　玫红花萼

（三）绿色

成熟期玫瑰茄花萼呈绿色，茎为绿色，花萼的形状为桃形（图1-3）。

图 1-3　绿色花萼

（四）白色

成熟期玫瑰茄花萼呈白色，茎为绿色，花萼的形状为桃形（图 1-4）。

图 1-4　白色花萼

二、按花萼形状分类

（一）杯形

杯形玫瑰茄花萼形状为杯形，花萼有紫红、玫红，种子较大，千粒重 40g 左右（图 1-5）。

（二）桃形

桃形玫瑰茄花萼形状为桃形，花萼有紫红、玫红、绿色和白色，种子较小，千粒重 30g 左右（图 1-6）。

图 1-5　杯形花萼

图 1-6　桃形花萼

三、按生育日数分类

(一)早熟品种

生育日数≤150d。在华南地区，5月中旬播种，一般10月上旬收获上市。

(二)中熟品种

生育日数为151～165d。在华南地区，5月中旬播种，一般10月下旬收获上市。

(三)晚熟品种

生育日数≥166d。在华南地区，5月中旬播种，一般11月上旬收获上市。

第二章
玫瑰茄的研究进展与生产现状

第一节　玫瑰茄研究进展

一、种质资源及其遗传多样性分析

玫瑰茄在国外已有 800 多年的种植历史，中国自 1910 年从美国加利福尼亚州引进玫瑰茄，已有 100 多年栽培历史（梁启明，1982）。目前中国国家麻类作物种质中期库保存珍贵玫瑰茄种质资源 30 份（戴志刚等，2012），广西壮族自治区农业科学院经济作物研究所保存玫瑰茄种质资源 200 余份，福建省农业科学院亚热带农业研究所保存玫瑰茄种质资源 30 余份，浙江省园林植物与花卉研究所保存玫瑰茄种质资源 30 余份。

种质资源遗传多样性分析是全面系统开展资源理论研究的前提和基础。玫瑰茄种质资源遗传多样性主要基于形态学标记、细胞学标记、同工酶标记和DNA 分子标记等方法进行评价（谢晓美等，2007）。Daudu 等（2015）对尼日利亚 17 个州的 60 份玫瑰茄种质进行了农艺性状评价，结果显示，41.7% 的材料为绿色花萼，31.7% 的材料为红色花萼，20.0% 的材料为深红色花萼，仅6.6% 的材料为浅红色和粉红色花萼。Antonia 等（2019）对加纳 7 个地区的25 份玫瑰茄材料的 12 个质量性状和 5 个数量性状进行遗传多样性评价，结果发现株高和分枝数的变异最大，采用聚类分析和主成分分析可将玫瑰茄品种划分为三个不同的类群。Tahir 等（2020）对来自苏丹和中国的 72 个玫瑰茄样品进行了鉴定，结果发现同一国家的不同品种在提取率、色度、色调、pH、总花色苷含量等理化性质上存在显著差异（$p<0.05$）。Hiron 等（2007）对红麻 HC - 2 和玫瑰茄 HS - 24 进行了细胞遗传学鉴定，结果显示红麻 HC - 2 品种有 36 条 DAPI 阳性条带，玫瑰茄 HS - 24 只出现 14 条 DAPI 阳性条带，核

型和电泳图谱分析表明玫瑰茄和红麻的基因组具有高度的同源性。Daudu 等（2016）利用 RAPD 技术对来自尼日利亚的 20 个玫瑰茄品种进行了亲缘关系分析，结果显示玫瑰茄品种具有遗传异质性，可根据 DICE 遗传相似系数的大小确定不同种质间的亲缘关系。Sharma 等（2016）利用 11 个 ISSR 标记和 8 个 SSR 标记对 124 个不同地理生境和形态类型的玫瑰麻种质进行遗传多样性分析，结果显示纤用型玫瑰麻遗传多样性高于食用型玫瑰麻，SSR 标记比 IS-SR 标记具有更高的种间遗传变异和多态性。

二、品种选育研究进展

玫瑰茄自 20 世纪 40 年代引入福建种植（元健雄，1992），至今已有 80 多年栽培历史，其间公开报道的"大粒黑"（林川，1987）、"H190"（叶敬用，2015）、锦葵 1 号（石轫，2005）以及漳浦早熟、中熟、晚熟（余丽莉等，2007）等玫瑰茄品种得到广泛利用。近年来尚未见玫瑰茄新品种鉴定登记的相关报道。广西壮族自治区农业科学院经济作物研究所于 2014 年开始玫瑰茄研究，直至 2022 年，已育成桂玫瑰茄 1 号、桂玫瑰茄 2 号、桂玫 3 号、桂玫 5 号和桂玫 6 号等 5 个玫瑰茄新品种。

三、生长发育规律及栽培技术研究进展

玫瑰茄是短日照、热带亚热带作物，在中国适合种植的区域较小，主要适合华南地区及西南部分地区。广西壮族自治区农业科学院经济作物研究所将玫瑰茄从种子萌发到种子成熟的整个生育周期，划分为出苗期、生长期、现蕾期、开花期、成熟期共 5 个时期，同时开展了玫瑰茄播期试验（4 月 28 日—9 月 15 日）、花萼和种子最佳采收期试验。结果显示，玫瑰茄花萼高产的最适播种时间为 6 月 1 日—8 月 1 日；花萼最佳采收期为开花后第 21～28d（侯文焕等，2020）；种子最佳采收期为开花后第 28～35d（侯文焕等，2019）。

栽培技术是保障作物高产、优质的有效措施，也是充分挖掘作物高产、优质潜力的重要手段。前人围绕不同的栽培因子（如密度、肥料、水分、除草等）对玫瑰茄产量与品质的影响开展了试验研究。Gebremedin（2015）以 2 个玫瑰茄品种为试验材料，分析 6 个密度（60cm×30cm、60cm×60cm、60cm×90cm、90cm×30cm、90cm×60cm 和 90cm×90cm）对玫瑰茄主要农艺性状的影响。结果显示，品种与密度互作显著影响单株果数、单株鲜花萼产量、单株干花萼产量和单株种子产量；种植密度 60cm×30cm 时，2 个品种的鲜花萼和干花萼

产量均达最高，较密度 90cm×90cm 分别高出 66.66% 和 70.68%。Akanbi 等（2009）研究表明，有机肥与无机肥配施比单独施用有机肥或无机肥，更能有效地提高花萼产量和品质，其最佳施肥量为有机肥 5.0t/hm^2、无机肥 150kg/hm^2。Okosun 等（2010）研究表明，氮肥和磷肥对玫瑰茄株高均有显著影响，施氮量为 40kg/hm^2 和 60kg/hm^2 时，植株的株高显著高于施氮量为 0kg/hm^2 和 20kg/hm^2 的植株，施磷量为 10kg/hm^2 和 20kg/hm^2 时，植株的株高高于其他施磷量的植株；当氮肥和磷肥用量分别达到 60kg/hm^2 和 30kg/hm^2 时，玫瑰茄的花萼产量和种子产量均随氮磷肥施用量的增加而增加。Seghatoleslami 等（2013）研究发现，不同灌溉水平对玫瑰茄的株高、茎粗和分枝数的影响不显著，但叶绿素含量随灌水量的增加而降低。干旱胁迫引起玫瑰茄的光合速率显著降低，但对光合作用的影响是暂时的，可随着干旱的缓解而得以恢复。因此，玫瑰茄能在非洲以及其他干旱和半干旱地区生长良好（Evans et al.，2015；Sabiel et al.，2014）。Naim 等（2010）在苏丹北科尔多凡地区研究除草次数对玫瑰茄生长的影响，结果显示，播种后第 2 周、4 周和 6 周进行 3 次人工锄草，杂草去除效果较好，可有效提高玫瑰茄花萼产量。

四、加工技术研究进展

玫瑰茄为药食两用的植物，2020 年被列入国家卫生健康委员会公布的可用于保健食品的物品。玫瑰茄富含花青素（花青素类属黄酮类化合物），含量高达 2% 以上。我国卫生部（86）防字 66 号文件和国家标准《食品安全国家标准食品添加剂使用标准》（GB 2760—2014）均允许玫瑰茄色素作为可食用的天然色素。因此，围绕玫瑰茄色素的开发利用，国内外在食品、药品、化妆品等多个行业开展了加工技术研究，并研发出相应的加工产品。

（一）色素提取

玫瑰茄红色素是一种天然色素，它是从玫瑰茄花萼中提取出来的花青苷类色素，色泽自然，安全无毒，还兼具营养和药用价值，符合现代人们崇尚自然、回归自然的消费观念。玫瑰茄红色素可广泛用作酸性饮料、糖果、冰激凌、果酒等食品的着色剂。叶春勇等（2001）研究发现，玫瑰茄红色素在 520nm 处有强吸收峰；在 pH 2.98～3.46 时最稳定，pH>6.33 变为黄色，故不宜作碱性食品的着色剂；耐热性差，最适着色温度在 60℃ 以下；耐光性差，应避光贮存。金属离子 Na$^+$、Ca^{2+}、Mg^{2+}、Al^{3+} 对玫瑰茄红色素无不良影响，且能使颜色增加；Zn^{2+}、Mn^{2+} 对该色素溶液稍有影响，但影响不大；

Fe^{3+}、Cu^{2+}、Sn^{2+}、Sn^{4+}等重金属元素对该色素溶液影响最大。目前，对于玫瑰茄红色素的制备方法已有了较多的研究，余华等（2003）采用果胶酶优化玫瑰茄红色素的微波提取工艺，结果显示，果胶酶的最适加量为 0.05%，最适条件为 30～40℃，12h，所得提取液黏度为 7.8mPa·s，较对照降低了88.73%，色素粗提取率为 3.1%；许立松和马银海（2009）开展了不同树脂对玫瑰茄红色素的吸附及不同洗脱剂对已吸附玫瑰茄的树脂进行解吸的研究，结果显示，HPD-100 树脂对该色素有较好的吸附性能，使用 20 次后，其吸附性能无明显减弱，可循环使用，最后可用 90% 乙醇进行洗脱；刘雪辉等（2014）建立了高速逆流色谱法制备分离玫瑰茄红色素的方法，操作简便，重现性好，适于玫瑰茄中高纯度花色苷大量制备。

（二）食品加工

1. 玫瑰茄饮品

玫瑰茄花萼富含蛋白质、有机酸、维生素 C、天然色素，是制作饮料的天然原材料，目前已成功研发出玫瑰茄花茶、玫瑰茄陈皮茶、玫瑰茄菊花茶、玫瑰茄金银花茶、玫瑰茄枸杞茶、玫瑰茄凤梨汁、玫瑰茄杞果汁、玫瑰茄酸梅汤、玫瑰茄银耳汤、玫瑰茄山楂蜜等饮品（图 2-1）（赵艳红等，2022）。耿华（1996）研究发现，玫瑰茄干花萼用量在 2% 时，其饮料酸度、色度、黏度及适口度呈现最佳状态，为不使饮料黏度过高，可采用天然甜味料甜菊糖苷来提高产品的甜度，使其糖酸比为 121（17∶0.14）。李国强等（2019）采用

玫瑰茄陈皮茶 玫瑰茄菊花茶

玫瑰茄银耳汤 玫瑰茄山楂蜜

图 2-1 玫瑰茄茶饮

经醇提和正丁醇萃取后的玫瑰茄提取物作为原料之一，复配以苹果原醋、浓缩苹果汁和蜂蜜，使得该玫瑰茄复合饮料风味极佳且具有优异的保健功能。钟旭美等（2019）将色泽鲜艳的玫瑰茄和红肉火龙果结合，制备的醋饮料不仅保留了玫瑰茄和火龙果的色泽和香味，产品营养丰富、酸甜可口，还具有消除疲劳，调节人体肠胃平衡的保健功能，此外，产品的稳定性好，不易出现絮状沉淀。在玫瑰茄饮料的开发中，玫瑰茄提取液澄清工艺是非常重要的一环。李升锋等（2007）研究了壳聚糖对玫瑰茄提取液的澄清方法，确定了在壳聚糖添加量0.125g/L、常温澄清 4h，经高速离心后再通过硅藻土过滤、0.45μm 微滤的工艺条件下，即可得到 λ_{660} 为 77.6％，浊度为 0.12 NTU 的玫瑰茄提取液。

2. 玫瑰茄果酱

玫瑰茄花萼肉质厚实，色泽鲜艳，风味独特，最适宜制作果酱。何锡媛等（2019）以玫瑰茄、红枣、黄皮汁等按照一定比例得到的玫瑰茄复合果酱细腻顺滑，形态稳定，不需要另行添加果胶等增稠剂，且具有一定的保健功效。何伟俊等（2019）通过乳酸菌发酵制得的玫瑰茄果酱，不仅具备玫瑰茄和乳酸菌的益肠道、抗氧化、降血压等功效，而且所用原料丰富，经济效益高，口味极佳，老少皆宜。王建化等（2019）以菊花、玫瑰茄和山楂三种材料为原料研制的果酱呈紫红色，清亮透明，菊花瓣均匀分散于内，完整饱满，口感适中，具有浓郁的菊花和山楂香气，并且具备一定的保健功能。

3. 玫瑰茄籽油

20 世纪 80 年代，印度等国家为解决食用油供求矛盾，开发利用新的植物油源，对玫瑰茄籽作了大量研究。Sarojini 等（1985）认为"玫瑰茄籽油为良好的油源"。据陈木赠等（2001）研究发现，福建玫瑰茄籽含油量为18％～22％，粗蛋白含量为 25％～28％，有较高的开发利用价值；玫瑰茄籽油脂肪酸组成比例优越，油酸与亚油酸的占比总和为 72％～83％，是一种优良的食用油。

4. 玫瑰茄其他食品研发

现代人追求高品质的生活，对产品种类的需求日益见长，因而有许多极具特色的玫瑰茄产品被研发出来。周建志（2019）将玫瑰茄、糯米、麦芽糖等材料制作成玫瑰茄米花糖，脆爽香甜、入口即酥、余味无穷，具有特色风味。杨成东（2017）以低筋面粉为主要原料，添加玫瑰茄，制成了玫瑰茄曲奇饼干，富含氨基酸、维生素 C 等营养成分。王丽霞等（2018）制备的玫瑰茄华夫饼外形完整、厚薄均一、表面无裂痕，内部组织细密均匀，细腻不黏牙，具有玫瑰茄风味。张学才等（1989）将玫瑰茄汁浓缩液与白糖深度加工，制成玫瑰茄晶状体，易溶于热水，呈玫瑰红色，有酸梅汤之美味，夏天饮用有提神作用。除此之外，还有玫瑰茄桃金娘酵素、玫瑰茄微胶囊、玫瑰茄灰水粽、玫瑰茄蛋糕、玫瑰茄口服液等产品（陈沁雯等，2020）。

广西壮族自治区农业科学院经济作物研究所利用玫瑰茄天然色素以及偏酸口感，开发出玫瑰茄茶饮、甜点、面点、家常菜肴以及玫瑰茄加工产品（图2-2、图2-3、图2-4）。这些产品口感好，具有玫瑰茄原料的色、香、味且最大限度地保留了玫瑰茄的有效成分和色泽（赵艳红等，2022）。

玫瑰茄蜜饯　　　　　玫瑰茄冰糖葫芦　　　　　玫瑰茄果脯

玫瑰茄果冻　　　　　玫瑰茄曲奇　　　　　玫瑰茄千层蛋糕

图2-2　玫瑰茄甜点

玫瑰茄饺子　　　　　　　　　　　　　　　玫瑰茄包子

玫瑰茄泥花卷　　　　玫瑰茄桃花酥　　　　玫瑰茄双色馒头

图2-3　玫瑰茄面点

图 2-4　玫瑰茄菜肴

（三）药品制剂研发

玫瑰茄可用于制成抗菌剂、收敛剂、利胆剂、润滑剂、消化剂、利尿剂、润肤剂、通便剂、清凉剂、消散剂、镇静剂、健胃剂和强壮剂等药品。例如，在埃及，玫瑰茄花萼被广泛用于治疗心脏和神经的疾病；在印度，玫瑰茄花萼可作为利尿、抗维生素 C 缺乏病等药物；在塞内加尔，玫瑰茄花萼被推荐为杀菌剂、驱肠虫剂和降血压剂（Shahidi et al.，2005）。玫瑰茄提取物具有较高的降血压作用（Ojeda et al.，2010），主要通过减少毛细血管和肌细胞之间的扩散距离实现降血压（Inuwa et al.，2012）；玫瑰茄花青素提取物抑制肿瘤生长、肺转移、肿瘤血管生成、黑色素瘤细胞（B16-F1）的迁移、人脐静脉血管内皮细胞（HUVECs）管的形成（Ching-Chuan et al.，2018）；玫瑰茄多酚提取物对人结肠癌细胞（DLD-1）具有显著的抗转移作用（Chi-Chou et al.，2018）；玫瑰茄的花色素提取物可以诱导人乳腺癌细胞的自噬与坏死，有效降低其存活率（Wu et al.，2016）。

（四）药妆产品研发

玫瑰茄除在食品领域有广泛的开发利用，在药妆方面的应用也不断兴起。郭红辉等（2019）研制的含有玫瑰茄提取物的美白保湿面膜精华液能够减轻辐射带来的损伤，具有清除自由基功能，改善色素沉积，促进皮肤更新，从而达到美白、保湿和滋养皮肤的效果。马婧等（2018）研制的玫瑰茄减肥膏，由玫瑰茄提取物、艾叶提取物、姜油等制备而成，稳定性好，功效成分可进入皮肤脂肪层发挥作用，减轻体重效果显著。王一飞等（2018）研制的玫瑰茄干细胞冻干粉眼霜，利用玫瑰茄干细胞的抗氧化、刺激人体皮肤角化细胞增殖和抗衰老的功能，使得产品具有高效修复眼部受损细胞、抗皱、消除黑眼圈和眼袋、紧致眼部肌肤的功效。刘颖等（2019）研制的美白祛斑且预防泌尿系统感染的组合物，主要成分有玫瑰茄提取物、蔓越莓提取物、葡萄籽提取物，能全方位、多靶点实现美白淡斑、预防女性泌尿系统感染，并且能以较小量达到较好的效果。

（五）食品新鲜度指示剂研发

食品新鲜度指示剂对于智能包装起至关重要的作用，智能包装膜上一般涂有新鲜度指示剂。目前，新鲜度指示剂既有化学染料也有天然色素，化学染料具有一定的毒性，而天然色素具有来源广泛、生物活性良好、绿色安全、pH高敏感性、指示范围广等优势，因此天然色素在食品中的使用频率逐年增加，而以花青素作为指示剂，制备 pH 敏感型新鲜度指示膜成为近年的研究热点。玫瑰茄富含花青素且花青素的结构和颜色容易发生变化，因此玫瑰茄花青素提取物是智能包装膜的理想原料，已被用来开发制备活性智能包装并应用于食品中。Zhang 等（2019）以玫瑰茄花青素提取物制备的智能指示膜，根据指示膜的颜色可检测肉类新鲜度，具有良好的应用前景。Zhai 等（2017）将玫瑰茄提取物添加到淀粉和聚乙烯醇中，以改善这两种物质的相容性，最后制得可用于实时监测 4℃下鱼类新鲜度的指示膜。贾代涛等（2019）以 PP 为基膜，乙酸改性后玫瑰茄花青素为新鲜度指示剂，聚乙烯醇水溶液为基液，使用旋涂法制备了一种新鲜度指示薄膜，具有一定的商业潜力。

第二节　玫瑰茄生产区域

一、玫瑰茄在全球的分布情况

玫瑰茄广泛分布于世界的热带和亚热带地区。特别是在非洲的苏丹、埃及、埃塞俄比亚、塞内加尔、坦桑尼亚、马里、尼日利亚、乍得，亚洲的泰国、中国、印度、印度尼西亚、菲律宾、马来西亚和美洲的巴西、墨西哥、牙买加和美国佛罗里达州等国家和地区种植面积较大。世界上最大的玫瑰茄生产国是泰国和中国，墨西哥、埃及、塞内加尔、坦桑尼亚、马里和牙买加也是重要的供应国，但苏丹生产的玫瑰茄质量最好。

二、玫瑰茄在中国的引种与栽培情况

据报道，中国自 1910 从美国加利福尼亚州引进玫瑰茄（梁启明，1982），1940 年福建开始种植玫瑰茄（元健雄，1992），其间开展了品种适应性试验（梁启明，1982）、观赏栽培（卜泗，1982）、小规模生产性栽培（福建省经济植物研究所热作研究室，1974）。直至 20 世纪 70 年代，福建省开始了大规模的生产栽培，其中永春县 1978 年产量已达 25 000kg，1979 年产量达到 60 000kg 左右（李斯煌等，1980）；漳浦县素称"玫瑰茄之乡"，近年种植面积保持在 3 000～4 000hm²，干花萼年产量 2 000～4 000t，产值超过 3 000 万元（余丽莉等，2007）。玫瑰茄干花萼平均单产 750kg/hm²，土壤肥力高，土层深厚，管理好的干花萼单产可达 1 500kg/hm²。玫瑰茄在福建省漳州市产地遍及龙海、漳浦、华安、长泰等县，所产干花萼萼大、花红、质佳，现已逐渐成为美国、德国、英国等发达国家天然饮料、食品和药用的原料。

目前，我国的玫瑰茄生产区域主要分布在广西、广东、福建、云南、四川、江西等省（区），台湾、海南也有种植（谢学方等，2019）。近年，玫瑰茄有逐渐往北方引进的趋势，在浙江、上海试种成功，被认为是比较有发展前途的经济作物之一，单株鲜果产量高达 5kg。南京农业大学和江苏省丹阳市埤城镇（今属江苏省丹阳市丹北镇）合作开发的"锦葵一号"玫瑰茄在丹阳市埤城镇城北的玫瑰科技实验园内长势喜人，每公顷产值可达 15 万元以上。以收获花萼为栽培目的，长江中下游一带为玫瑰茄的栽培边界，长江以北地区引种会受到早霜危害，导致产量下降（李秀芬等，2015）。我国现阶段玫瑰茄种植规模较大的县份主要有广西永福县、福建漳浦县和云南武定县。

第三节　玫瑰茄市场

一、全球市场供应状况

在过去的几十年里，国际市场对玫瑰茄的需求稳步增长。目前，每年大约有 15 000t 玫瑰茄进入国际贸易市场。世界上许多国家都生产玫瑰茄，但在品质上存在很大的差异。中国和泰国是全球排名前两位的玫瑰茄生产国，控制着世界上大部分的玫瑰茄供应量。泰国在玫瑰茄生产上投入了大量资金，产品质量上乘；而在中国，玫瑰茄产品质量控制端还不太严格，其可靠性和美誉度相对较低。全球品质最好的玫瑰茄来自苏丹，但数量少，加工质量差，包装和分销不佳。受美国长期贸易禁运措施影响，苏丹几乎所有的玫瑰茄都出口到了德国，美国的进口商仅能以较高价格从德国采购，因此，苏丹产品在美国的使用要少得多，而中国和泰国成为美国玫瑰茄的主要来源国。墨西哥、埃及、塞内加尔、坦桑尼亚、马里和牙买加也是玫瑰茄的重要供应国，但其产品主要在国内使用，出口较少（Plotto et al.，2004）。

二、主要消费市场和价格趋势

德国和美国是玫瑰茄的主要进口国。全球最大的玫瑰茄买家为德国著名的花草茶生产商马丁鲍尔（MartinBauer）集团。马丁鲍尔集团是草药行业历史最悠久、规模最大的公司之一，以玫瑰茄为加工原料制作凉茶、草药、糖浆和食用色素等产品。欧盟统计局相关数据显示，1993—1997 年德国用于凉茶、药品和香水的植物及其各部的进口数量增加了 41%，进口价值增加了 72%。尽管没有单独统计玫瑰茄的具体信息，但依据德国进口商估计，用于凉茶行业的玫瑰茄原材料约占其总销量的 1/4。美国的玫瑰茄主要进口商是诗尚草本（Celestial Seasonings）和立顿（Lipton）这两家茶叶公司，主要供应给全食（Whole Foods）超市以及其他一些食品和饮料制造商。美国凉茶行业使用的玫瑰茄进口产品也在稳步增加，与德国消费市场趋势一致。美国国际开发署调查数据显示，1994—1998 年，美国市场用于凉茶的植物及其各部的总销货数量上升 78%，而货值则上升 156%。

玫瑰茄的市场价格十分不稳定，经常会出现价格大幅波动。由于玫瑰茄在全球的生产区域分布很广，市场极易出现供过于求的现象。当国际玫瑰茄市场需求和价格上升时，各地供应商大批涌现，供货量明显大于需求量，导致玫瑰茄产品滞销，从而价格走低，农民转向种植其他作物，这又会引起来年供应出现短缺。然而，价格市场的波动还可能发生在一年的销售过程中，通常与气候因素和玫瑰茄的质量有关。2003 年玫瑰茄国际市场价格达到了每吨 4 000 美元的历史高位，究其原因是反常的降水和潮湿天气妨碍了玫瑰茄在阳光下的晾晒过程，很多都因霉菌和腐烂而损失殆尽，从而导致中国和泰国的优质玫瑰茄供应大幅减少。一般来说，国际市场上的玫瑰茄价格为每吨 1 200~3 600 美元不等，具体取决于其品质、购买时间和购买量。品质主要取决于口感和颜色，其次是净度和其他因素，颜色暗红、有酸果味的玫瑰茄被认为是上品。

三、市场机会与发展

尽管目前中国和泰国控制着世界上大部分的玫瑰茄供应，但只有更好地把握产品质量、供给可靠，才能获得保有和提高市场份额的机会。中国的玫瑰茄主要生长在南方温暖湿润地区，很容易受到天气因素的影响，在产品质量上一直备受国际市场诟病；同样，苏丹玫瑰茄优质品种"El Rahad"也存在严重的质量控制问题。玫瑰茄是一种容易种植的作物，但要生产出高质量的产品却很难。对于玫瑰茄生产者而言，实现产品畅销的关键在于抓住市场机会，引进种植高产、优质和多抗的优良品种，种植布局在气候条件适宜且较干燥的热带和亚热带地区，选择反季节或生产淡季种植生产玫瑰茄。玫瑰茄生产存在的主要制约因素包括生产者众多、市场动荡以及生长、收获和收获后的作业环节缺乏组织和监督。产品质量（特别是口味）和卖家信誉是进入国际市场的关键。泰国在玫瑰茄生产中拥有良好的生产体系和声誉，将玫瑰茄花萼进行等级分类，以多样化的产品进行出售，增加了产品的附加值。因此，玫瑰茄生产国及其所在区域市场可以通过产品的多样化和更好的市场联动，进一步为玫瑰茄市场发展提供扩张机会。

第四节　玫瑰茄种植效益

一、经济效益

玫瑰茄全身是宝，其花萼可以泡茶或制备饮料、果脯、蜜饯等，种子可以榨油，叶可以作为蔬菜，茎可以作为饲料、纺织和造纸的原料，此外，玫瑰茄花萼中含有的花青素、木槿酸及各种微量元素和有机质均具有很好的药用和保健作用（吕德文，2012）。因此，充分利用玫瑰茄特性，将其加工成各类食品后，经济价值能够提高7~8倍。从玫瑰茄产量来看，玫瑰茄一般每公顷可产干花萼750~1 050kg，2019年平均每千克收购价为22元，按每公顷产900kg玫瑰茄干花萼计算，每公顷可获得收入为19 800元。当年产的玫瑰茄价格普遍较高，2019年每千克新产玫瑰茄的收购价在32元左右。金建良（2007）建议，玫瑰茄结果枝的果实成熟率达10%时，可根据销售需求分批进行采收，以便在提高果品质量的同时提高植株的产量，从而获得更高的经济效益。在南方地区，无论春季或夏季播种，玫瑰茄均要到9月份进入短日照时才开始开花结果，即南方地区玫瑰茄正季均为一年一熟。赵艳红等（2020）研究发现，人工遮光短日照时长处理 11h 的玫瑰茄主要产量性状优于 8h 和 9.5h 以及自然光处理，可成功诱导玫瑰茄开花结果，促使玫瑰茄于长日照环境下开花结果，实现了玫瑰茄反季节栽培，比正季提前 3 个月上市，具有价格优势，提高了玫瑰茄经济效益。

二、生态效益

玫瑰茄栽培管理粗放简单，生态适应性强，对土壤要求不严，耐贫瘠、耐旱、易生长，能够充分利用山坡、房前屋后等闲置土地栽培，可作为荒山荒滩先锋作物种植。玫瑰茄枝叶繁茂，经粗略计算，其鲜叶重量可达到 $15t/hm^2$，到作物收获时，枝叶全部干枯回田，是一种良好的有机肥，可以减少化肥的施用量，从而有效改善土壤板结（林东生，1990）。玫瑰茄耐盐碱，在盐碱地种植玫瑰茄，不仅可以获得经济收入，同时具有改良盐碱地的作用（李秀芬等，2015）。玫瑰茄在花萼采收后，每亩可产出 300～500kg 茎秆作为燃料，倘若一个村庄每年种植 1 000 亩*玫瑰茄，就可以获得 400t 以上的燃料供给，从而解决 300 户农户家庭全年的燃料问题，按户均节省燃料费用 200 元计算，总共节省资金 6 万元，还能够每年少砍伐薪炭林 400t 以上，对保持当地生态平衡和防止水土流失具有重要意义（李会忠，2011）。

三、社会效益

玫瑰茄生产在出口创汇、促进就业、解决"三农"问题等方面发挥了重要作用。福建省为满足国内外市场需求，加速农业种植结构调整，将闽南地区种植和发展特色玫瑰茄作为重点产业培育（陈木赠等，2001）。林东生（1990）研究报道了橡胶林套种矮秆作物玫瑰茄，在每亩玫瑰茄施 50kg 过磷酸钙、50kg 碳铵或 10kg 尿素的情况下，可以满足玫瑰茄整个生长期所需的肥量，扣除肥料成本后，按 1990 年计价，每亩玫瑰茄可以额外获利 100 元以上，助推了职工增收和创收。李会忠（2011）介绍了玫瑰茄和玉米的间套种高产栽培技术，不仅获得了高产，而且提高了土地的利用率，每公顷增收 15 000 元左右，有力地促进了地方经济的发展。

---

* 亩是非法定计量单位，15 亩＝1 公顷。下同。——编者注

第三章
玫瑰茄生物学特性及其生长发育

第一节 玫瑰茄的生物学特性

一、根

玫瑰茄为圆锥形直根系，由主根和多级侧根组成。主根较粗，入土深达 2m 左右，侧根分布在土壤耕作层，密生根毛。根毛主要集中在主根附近和表土层 5~20cm 范围。根毛量随玫瑰茄不同生育阶段和生长季节而变化：幼苗期根毛发育较旺盛；旺长期根毛大量增生；玫瑰茄衰老或盛夏遇旱生长受到抑制时，根毛衰退死亡。

玫瑰茄种子露白后第 2d，胚根伸长约 2cm，第 3d 开始长侧根，子叶平展时（第 4d），主根根长 5.37cm，主茎长 4.31cm，表明苗期主根的伸长速度较茎的生长速度快（表 3-1），苗期以后根与地上部植株生长的速度协调发育（广西壮族自治区农业科学院经济作物研究所，2020）。

表 3-1 玫瑰茄根长与茎高的关系（子叶展平期）

序号	根长（cm）	茎高（cm）
1	6.0	6.0
2	4.6	5.0
3	5.0	6.0
4	5.1	3.5
5	5.5	3.7
6	4.8	4.2
7	7.0	3.8

（续）

序号	根长（cm）	茎高（cm）
8	4.5	3.8
9	4.8	3.4
10	5.8	4.8
11	7.0	4.4
12	4.7	4.3
13	5.2	4.5
14	4.8	5.0
15	8.0	3.3
16	5.1	4.8
17	4.6	4.6
18	5.8	4.9
19	5.1	3.6
20	5.2	3.6
21	4.1	3.4
平均	5.37	4.31

二、茎

玫瑰茄茎秆直立，茎色分红、绿、紫红、红绿镶嵌四种。玫瑰茄生长发育期由于茎表皮含花青素，茎色随不同发育阶段或环境条件变化而改变，生长旺盛期品种的固有颜色显现出来（图3-1）。

图3-1　玫瑰茄不同的茎色

玫瑰茄植株高1.5～2.0m，分枝多，同一品种不同的播种时间，株高存在显著的差异。广西壮族自治区农业科学院经济作物研究所以玫瑰茄MG1为试验材料，开展了 7 个不同播期的试验（2019 年 4 月 28 日—9 月 15 日）。结果显示，播期越早株高越高，株高从第Ⅰ播期的 181cm 到第Ⅶ播期的 81cm，呈现逐渐下降的趋势；第Ⅰ播期的茎粗、无效分枝数和主茎叶痕数显著高于其他播期；第Ⅰ、Ⅱ和Ⅲ播期的有效分枝数差异不显著，但显著高于其他播期（表 3-2）。

表 3-2　7 个不同播期对玫瑰茄主要农艺性状的影响

播期	播种日期	株高 （cm）	1/2 高度茎粗 （mm）	有效分枝数 （个）	无效分枝数 （个）	主茎总叶痕数 （个）
Ⅰ	4 月 28 日	181.00a	16.03a	16.75a	12.50a	71.50a
Ⅱ	6 月 12 日	151.83b	10.42c	15.17a	6.83c	50.83c
Ⅲ	7 月 15 日	145.33b	13.91b	16.33a	10.33b	53.89b
Ⅳ	8 月 1 日	123.50c	10.14c	6.00b	5.50c	41.125d
Ⅴ	8 月 15 日	106.56d	7.41e	6.33b	3.22d	37.89e
Ⅵ	9 月 1 日	90.60e	9.18d	7.70b	2.40d	29.10f
Ⅶ	9 月 15 日	81.00f	7.95e	3.67c	1.83d	25.50g

注：同列数据后不同字母表示不同播期间差异显著。

三、叶

玫瑰茄是双子叶植物，子叶呈卵圆形，叶柄短，出土后 5～7d，生长点处可见叶芽，随后真叶向子叶侧方伸出，这时子叶柄可延伸到 5mm 左右。

玫瑰茄叶形为掌状裂叶，包括深裂叶与浅裂叶两种，叶缘有锯齿；叶色分为绿、深绿两种。随着玫瑰茄发育的过程，掌状裂叶的叶片按一定规律形成叶周期变化。苗期卵形叶，生育中期掌状叶由三裂发展为五裂，进入生育中后期，掌状叶由五裂再发展为三裂，生育末期出现披针叶（图 3-2）。不同品种的叶周期变化规律及叶形出现时间存在差异，有些品种的叶周期呈现为卵形叶—三裂叶—披针叶，而有些品种叶周期呈现为卵形叶—三裂叶—五裂叶—三裂叶—披针叶。

四、花

玫瑰茄花冠颜色有黄、粉红、紫红三种，花冠为离瓣、螺旋状花冠，花瓣 5 瓣、叠生，单生于叶腋处，花梗短小。花冠大小约 5.5cm。子房 5 室，每室种子 4～6 粒，雄蕊与花丝合生，花丝长 0.1～0.2mm，生于雄蕊鞘上，雄蕊

a.卵形叶	b.三裂叶
c.五裂叶	d.披针叶

图3-2 玫瑰茄叶周期的掌状裂叶类型

鞘基部与花瓣联合，花柱长1.5cm。花药色有黄、黄褐、深褐三种，呈豆粒状，每朵花约60个花药，每几个花药形成一个中心点，散生于雄蕊鞘上。柱头颜色有紫色和黄色（图3-3）。

图3-3 玫瑰茄花的剖面图

五、花萼与蒴果

玫瑰茄典型形态特征是成熟的花萼呈肉质化。玫瑰茄开花后花瓣萎蔫脱落，子房逐渐膨大形成蒴果，花萼逐渐增长与增厚，萼片5～7片，三角形，渐尖，下位合生；副萼片10～14个，贴生于萼片基部。萼片具有明显的中脉，沿萼片边缘形成一个明显的脊。萼片背部有一个明显的腺体即花萼腺，开花当天花萼腺开始分泌蜜汁，玫瑰茄整个流蜜期从开花当天到采收后花萼完全烘干后停止；采收后的花萼，若没有烘干，花萼腺仍分泌蜜汁（图3-4）。

图3-4　玫瑰茄花萼腺及花萼腺解剖图

　　玫瑰茄蒴果卵球形，表面有绒毛（图3-5），每果5～6室，每室种子4～6粒，单株蒴果数50个左右。

图3-5　玫瑰茄蒴果

六、种子

玫瑰茄种子成熟时为黄褐色或灰褐色，种子亚肾形，千粒重 30～40g。种子内含胚，顶端有珠孔，种脐成菱形，胚珠倒生，珠孔与种脐接近处有脊状带，内含维管束（图 3-6）。

图 3-6　玫瑰茄种子

第二节　玫瑰茄的生长发育规律

玫瑰茄从种子发芽到种子成熟的整个生育过程，大体可划分为出苗期、生长期、现蕾期、开花期、成熟期。

一、出苗期

玫瑰茄种子入土后吸水膨胀，胚轴延伸由发芽口顶出根尖，胚根向下伸长，子叶向上顶出土面。50％幼苗子叶展平的日期称为出苗期。不同的播种时间对玫瑰茄主要农艺性状存在显著影响。以玫瑰茄 MG1 为试验材料，广西壮族自治区农业科学院经济作物研究所开展了玫瑰茄 7 个不同播期的试验（2019年 4 月 28 日—9 月 15 日）。结果显示，第Ⅱ播期的单株鲜果数、单株鲜果重、单株鲜花萼重、干花萼重等主要产量性状和原花青素含量等品质性状显著高于其他播期（表 3-3）。第Ⅰ播期在产量性状上具有较明显的优势，但其生育期长，尤其是营养生长期偏长，使植株生长过于高大，消耗田间更多的肥料，且

表3-3　不同播期对玫瑰茄主要农艺性状的影响

播期	播种日期	株高(cm)	1/2高度茎粗(mm)	有效分枝数(个)	无效分枝数(个)	主茎总叶痕数(个)	单株鲜果数(个)	单株鲜果重(g)	单株鲜花萼重(g)	单株种子产量(g)	千粒重(g)	干花萼重(g)	原花青素含量(g/100g)
I	4月28日	181.00a	16.03a	16.75a	12.50a	71.50a	60.50b	490.25b	342.75b	63.21b	39.20a	39.32b	0.82f
II	6月12日	151.83b	10.42c	15.17a	6.83c	50.83c	87.50a	820.83a	421.83a	74.62a	35.63cd	45.67a	1.36a
III	7月15日	145.33b	13.91b	16.33a	10.33b	53.89b	55.78b	513.67b	287.11c	37.13c	38.12ab	25.16c	1.3b
IV	8月1日	123.50c	10.14c	6.00b	5.50c	41.125d	33.00	330.50c	173.875d	19.25d	36.88bc	17.08d	1.25c
V	8月15日	106.56d	7.41e	6.33b	3.22d	37.89e	36.33	319.11c	162.22d	13.67e	35.60cd	16.97d	0.902e
VI	9月1日	90.60e	9.18d	7.70b	2.40d	29.10f	33.80	289.30c	150.30d	12.37e	34.60d	16.447d	1.2c
VII	9月15日	81.00f	7.95c	3.67c	1.83d	25.50g	11.17d	95.50d	49.67e	6.57f	32.30e	5.73e	1.145d

注：同列数据后不同字母表示不同播期间差异显著。

占据土地时间长，影响上茬或下茬作物的正常生长，从而降低了土地的复种指数。因此，不建议选择第Ⅰ播期（4月底—5月初）进行种植。综合考虑经济效益和土地复种指数，第Ⅱ播期玫瑰茄产量最高，但要求其前茬作物生育期较短；第Ⅲ、Ⅳ、Ⅴ播期玫瑰茄产量虽然相对较低，但因其播种时间在7月中旬以后，其前茬可以选择种植的作物较多，更利于提高土地复种指数、增加经济效益。

玫瑰茄需气温稳定在15℃时才能播种，因此在广西南宁4月底时可以播种第Ⅰ期，而第Ⅶ期因生长后期气温下降影响玫瑰茄开花和结果，产量显著下降，说明9月15日之后不适合再播种玫瑰茄。由此得出，玫瑰茄适合播种的时期从4月底至9月1日，而最适宜且高产的播种时间为6月12日—8月1日。

二、生长期

玫瑰茄生长期包括苗期和旺长期两个阶段。出苗至长出三裂掌状叶前约45d称为苗期。前30d幼苗生长缓慢，为小苗阶段，随后15d，幼苗生长加快，为大苗阶段。

玫瑰茄植株从出现三裂掌状叶至盛花期约80d，是玫瑰茄迅速生长的阶段，称为旺长期。植株从三裂掌状叶到五裂掌状叶，苗高约50cm，为旺长初期，也称封行期，这一阶段的生育时间为30d左右。从五裂掌状叶至盛花期约50d，此阶段恰逢夏季高温多湿的季节，有利于营养生长，是玫瑰茄生长的最旺盛时期，也称"猛长期"。

三、现蕾期

50%植株现蕾的日期称为现蕾期。现蕾期和开花初期阶段，玫瑰茄生殖生长与营养生长同时进行。

玫瑰茄属短日照植物，在适于花芽分化的短日照条件下，生长点内分生组织出现隆起，分化出苞叶，逐渐发育成蕾。从花芽开始分化至花蕾可辨认，需要15~20d，花蕾发育成花，需要15~20d，其间光照、水分、温度等均影响花蕾发育，如遇阴雨天气光照不足、干旱或低温，易造成花蕾脱落。

广西壮族自治区农业科学院经济作物研究所以桂MG1501-16-1为试验材料，选择发育阶段相对一致的20朵花蕾，每隔3d或4d监测花蕾萼片的宽度和长度。结果显示，当花蕾萼片平均宽为4.28mm、长为8.74mm（10月1日）时，第9d开花；而花蕾萼片平均宽为4.20mm、长为8.34mm时，第10d

开花。由此说明，处于相对一致发育阶段的花蕾，花蕾越大，开花越早；10月 1—17 日为始花前的花蕾发育阶段，花蕾萼片长度的增长速度大于宽度增长速度，萼片长度约为宽度的 2 倍（表 3-4）。

表 3-4　相同发育阶段的玫瑰茄花蕾大小对开花的影响

		10月1日	10月4日	10月7日	10月11日	10月15日	10月17日	
第一组	萼片宽（mm）	4.28	5.66	6.55	7.4	8.62	9.16	10月19日开花
	萼片长（mm）	8.74	11.35	13.22	14.94	17.94	20.42	
	萼片长/宽	2.04	2.01	2.02	2.02	2.08	2.23	
第二组	萼片宽（mm）	3.72	5.90	6.85	7.38	9.26	10.52	10月20日开花
	萼片长（mm）	7.83	12.00	13.58	16.07	19.15	24.51	
	萼片长/宽	2.10	2.03	1.98	2.18	2.07	2.33	

四、开花期

玫瑰茄种植区开放的第一朵花称为始花。50%植株开花的日期称为开花期。早熟品种开花日数为 104～110d，中熟品种开花日数为 119～124d，晚熟品种开花日数超过 134d。清晨花冠张开最大，直径为 5.5cm 左右，7：00—9：00 是花药散粉时期，为最佳杂交授粉时间，上午 10：30 花瓣开始收缩。

玫瑰茄为短日照作物，在短日照条件才能开花。广西壮族自治区农业科学院经济作物研究所开展了玫瑰茄 MG1 播期试验，播期从 2020 年 4 月 28 日—9 月 15 日，跨越 141d，而始花从 9 月 2 日—11 月 10 日仅跨越 43d。玫瑰茄开花需要短日照且达到一定的积温。播期越早，开花越早，结果越早，播期差距 30d，花期差距 7～14d。7 月中旬之前种植，均可在 9 月开花，8 月种植可在 10 月开花，花期日数平均为 33d 左右。10 月后偶尔出现的气温下降将导致花期延后，其间若气温上升又开始开花，导致开花日数的增加，例如第 V 和 VII 播期，开花日数分别增加到 39d 和 38d（表 3-5）。开花后，花萼开始增宽和增长，选择 20 朵当天开放的花朵，监测花萼宽度和长宽的增长情况。结果显示，开花后第 1～8d 花萼长度的增长速度仍然大于宽度增长速度，花萼长度与宽度的比值大于 2；开花后第 9～12d 为花萼长度和宽度增长最快的时期，也是蒴果快速膨大的时期，该时期花萼长宽比值小于 2；开花第 13d 之后，花萼长度和宽度的增长速度均变慢，此阶段的蒴果开始增大，导致花萼宽度增宽，花萼长度与宽度的比值逐渐降低（表 3-6）。

表 3-5　不同播期的物候期观察

播期	播种日期	现蕾期	始花期	尾花期	花期日数（d）
Ⅰ	4 月 28 日	8 月 17 日	9 月 2 日	9 月 29 日	28
Ⅱ	6 月 12 日	8 月 30 日	9 月 16 日	10 月 14 日	30
Ⅲ	7 月 15 日	9 月 10 日	9 月 27 日	10 月 29 日	33
Ⅳ	8 月 1 日	9 月 20 日	10 月 7 日	11 月 8 日	34
Ⅴ	8 月 15 日	9 月 28 日	10 月 13 日	11 月 20 日	39
Ⅵ	9 月 1 日	10 月 4 日	10 月 29 日	11 月 30 日	33
Ⅶ	9 月 15 日	10 月 8 日	11 月 10 日	12 月 17 日	38

表 3-6　玫瑰茄花萼开花后宽度和长度的发育过程

开花后天数	第 1d	第 5d	第 8d	第 12d	第 16d	第 20d	第 23d	第 28d	第 33d
萼片宽（mm）	13.84	14.4	16.88	20.79	21.45	22.65	23.38	24.00	24.38
萼片长（mm）	30.46	34.37	36.98	39.64	41.49	42.12	42.81	43.41	43.98
萼片长/宽	2.20	2.39	2.19	1.91	1.93	1.86	1.83	1.81	1.80

五、花萼成熟期

玫瑰茄花萼为肉质化花萼，由萼片和副萼组成。花萼分为玫红、紫红、白色、绿色四种颜色。花萼最佳采收期为开花后第 21～28d（详见第八章《玫瑰茄收获与保鲜》）。

六、种子成熟期

玫瑰茄开花完成授粉后，子房迅速发育膨大，经 30～35d 时间，蒴果变为黄褐色或褐色，种子变为黄褐色或黑褐色，即为种子成熟期（详见第八章《玫瑰茄收获与保鲜》）。

第三节　环境因子对玫瑰茄生长发育的影响

温度、光照、水分、营养条件、土壤等环境因子对玫瑰茄生长发育起着至关重要的作用。

一、温度

玫瑰茄是喜温作物，最佳生长温度为 25～30℃，平均气温在 15℃ 以上，全生育期最低有效积温 2 700℃ 以上。玫瑰茄 MG1 适宜于 4 月 28 日—9 月 1 日播种，全生育期有效积温 2 774.9～4 706.1℃，其中最低有效积温 2 774.9℃ 以上（表 3-7）。

表 3-7　玫瑰茄 MG1 不同播期的有效积温

播种期	收获期	有效积温（℃）
2019 年 4 月 28 日	2019 年 10 月 16 日	4 706.1
2019 年 6 月 12 日	2019 年 10 月 23 日	3 721.9
2019 年 7 月 15 日	2019 年 11 月 6 日	3 077.5
2019 年 8 月 1 日	2019 年 11 月 25 日	2 973.2
2019 年 8 月 15 日	2019 年 12 月 9 日	2 774.9
2019 年 9 月 1 日	2020 年 1 月 8 日	2 817.0

玫瑰茄生长发育的不同阶段对温度要求不同，气温稳定在 15℃ 以上时可以播种，气温在 20～30℃ 时种子发芽快、出苗齐。玫瑰茄营养生长期、生殖生长期均受到气温和土壤含水量的影响，在土壤含水量适当的条件下，玫瑰茄生长速度和开花数量与温度高低有关。广西壮族自治区农业科学院经济作物研究所研究结果显示，平均气温高于 25℃ 时，营养生长快速；当气温连续 3 日高于 15℃ 时，开花数量与成果数量成正相关，与落果数量呈负相关；最低气温对开花、成果以及落果均起重要作用，当最低气温低于 14℃ 时，开花数量和成果数量开始下降，落果率开始增加（图 3-7）。

二、光照

光是植物进行光合作用的必要条件，光的强弱与照射时间长短对玫瑰茄生长发育、花萼产量以及花青素累积均有重要的影响。苗期植株矮小、生长慢、叶面积小、光合作用弱，对生理辐射的利用率低；旺长期植株叶面积大，光合作用强，对生理辐射的利用率高；现蕾至花萼和种子成熟期，下部老叶脱落，但叶面积仍比较大，其光合作用弱于旺长期但强于苗期。

玫瑰茄为短日照作物，每日光照时数的长短，影响着玫瑰茄的生长发育进程。缩短光照时长可进行光周期诱导，促使植株提早进入生殖生长阶段。

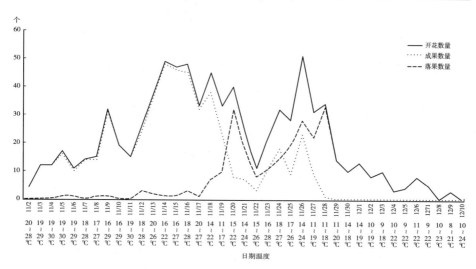

图 3-7 玫瑰茄的开花数量、成果数量、落果数量与气温的关系（9 月 1 日播期）

广西壮族自治区农业科学院经济作物研究所以桂玫瑰茄 1 号和桂玫瑰茄 2 号为试验材料，以自然光照为对照（CK），分别设置日照时长 8.0h、9.5h 和 11.0h 三个处理，探讨不同日照时长对玫瑰茄主要农艺性状的影响（赵艳红等，2020）。

1. 不同日照时长对玫瑰茄表型性状的影响

试验表明，不同处理间植株叶片颜色、长势存在差异。CK 处于自然光照条件下，植株粗壮，叶片浓绿，长势好；日照 11.0h 处理，植株粗壮，叶片浓绿，花蕾正常且着色均匀；日照 8.0h 处理，植株徒长，茎细长，叶片淡绿，变态花蕾多，花蕾呈现红绿相间条纹、基部为橘红色且着色不均匀（图 3-8 上，表 3-8）；日照 9.5h 处理表现的农艺性状介于 11.0h 和 8.0h 处理之间；群体长势强弱依次为 CK>11.0h>9.5h>8.0h（表 3-8）。

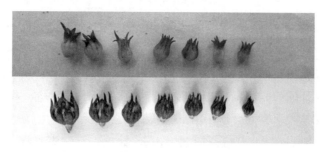

图 3-8 变态花蕾（上）与正常花蕾（下）

表 3 - 8　不同短日照时长对玫瑰茄表型性状的影响

日照时长	桂玫瑰茄 1 号	桂玫瑰茄 2 号
8.0h	叶片淡绿，植株矮小，植株徒长，茎细长，变态花蕾多且着色不均匀，花蕾呈现红绿条纹相间且基部为橘红色，长势弱	叶片淡绿，植株徒长，茎细长，变态花蕾多且着色不均匀，花蕾基部为橘红色，长势弱
9.5h	叶片绿色，植株中等，变态花蕾和正常花蕾数量中等，长势中等	叶片绿色，植株中等，变态花蕾和正常花蕾数量中等，长势中等
11.0h	叶片浓绿，植株粗壮，正常花蕾多且着色均匀，长势好	叶片浓绿，植株粗壮，正常花蕾多且着色均匀，长势好
自然光（CK）	叶片浓绿，植株粗壮，无花蕾	叶片浓绿，植株粗壮，极少花蕾

2. 不同短日照时长对玫瑰茄花期的影响

试验结果表明，不同处理间，玫瑰茄现蕾期、始花期以及成花逆转出现期存在差异。桂玫瑰茄 1 号较桂玫瑰茄 2 号晚熟，其现蕾及开花时间均较桂玫瑰茄 2 号推迟 1～2d。停止遮光处理 10d 所有植株处于长日照的外界条件下，植株出现变态花蕾，花蕾边现边落不能完成开花即进入成花逆转出现期；不同日照时长处理间，现蕾期、始花期以及成花逆转出现期早晚依次为 11.0h 处理、9.5h 处理、8.0h 处理，其中光照 11.0h 处理的现蕾期、始花期以及成花逆转出现期出现最早，较 9.5h 提前 1～3d，较 8.0h 处理提前 4～5d。桂玫瑰茄 2 号未进行遮光处理（CK），但也偶见现蕾。而桂玫瑰茄 1 号的对照（CK）未形成花蕾（表 3 - 9）。

表 3 - 9　不同短日照时长对玫瑰茄花期的影响

日照时长（h）	桂玫瑰茄 1 号			桂玫瑰茄 2 号		
	现蕾期	始花期	成花逆转出现期	现蕾期	始花期	成花逆转出现期
8.0	5 月 4 日	5 月 26 日	6 月 5 日	5 月 2 日	5 月 24 日	6 月 2 日
9.5	5 月 2 日	5 月 22 日	5 月 31 日	5 月 1 日	5 月 21 日	5 月 30 日
11.0	4 月 30 日	5 月 21 日	5 月 30 日	4 月 28 日	5 月 20 日	5 月 29 日
自然光（CK）	—	—	—	5 月 4 日	5 月 28 日	—

3. 不同短日照时长对玫瑰茄主要性状的影响

试验结果表明，桂玫瑰茄 1 号和桂玫瑰茄 2 号株高依次为自然光（CK）处理＞8.0h 处理＞9.5h 处理＞11.0h 处理，处理间差异不显著。短日照处理条件下，遮光时长越长，植株越高，这是缘于光照不足导致植株徒长。自然光条件下的分枝数较短日照处理的分枝数多，而短日照处理间，以日照 11.0h 处理分枝数最多；其中桂玫瑰茄 2 号短日照处理间的分枝数差异不显著，桂玫瑰茄 1 号短日照处理，11.0h 的分枝数显著多于 9.5h 和 8.0h；日照 11.0h 处理鲜果数最多，鲜果、鲜花萼和干花萼产量最高，均显著高于其他处理（表 3-10）。在短日光照时长（8.0~11.0h）范围内，主要产量性状单株果数、鲜果重、鲜花萼重、干花萼重均随着光照时长的增加呈现上升的趋势（图 3-9）。因此，在满足玫瑰茄短日照时长的情况下，光照时长适当延长，有利于玫瑰茄鲜果、鲜花萼和干花萼产量的提高。

表 3-10　不同短日照时长对玫瑰茄主要农艺性状的影响

品种	日照时长 （h）	株高 （cm）	分枝数 （个）	果数 （个）	鲜果重 （g）	鲜花萼重 （g）	干花萼重 （g）
桂玫瑰茄 1 号	8.0	113.37a	11.70b	6.13b	24.20b	12.93b	1.20b
	9.5	111.14a	10.97b	6.29b	27.39b	14.85b	1.45b
	11.0	106.90a	17.73a	21.10a	83.20a	49.73a	4.70a
	自然光（CK）	120.00a	20.00a	0b	0b	0b	0b
桂玫瑰茄 2 号	8.0	121.97a	11.67b	24.37b	136.83c	71.21b	8.76b
	9.5	119.57a	14.50ab	30.81ab	211.94b	113.14b	13.45b
	11.0	110.47a	13.57ab	39.51a	301.10a	160.06a	19.70a
	自然光（CK）	126.50a	17.00a	4.00c	30.67d	16.42c	2.09c

注：同一品种同列数据后的不同小写字母表示不同处理间差异显著。

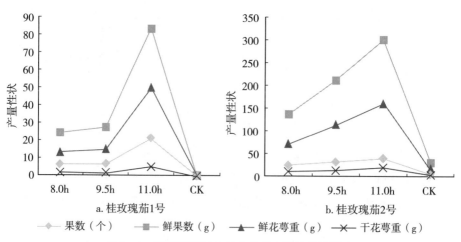

a. 桂玫瑰茄1号　　　　　　　　　b. 桂玫瑰茄2号

◆ 果数（个）　　■ 鲜果数（g）　　▲ 鲜花萼重（g）　　✕ 干花萼重（g）

图 3-9　不同光照时长对玫瑰茄产量性状的影响

三、水分

玫瑰茄种子发芽对水分的要求可分为四个阶段：吸水期，即播种后种子吸水量达干种子重的 80%左右；萌动期，种子吸水膨胀后，吸水速度变慢，进入萌动状态；发芽期，胚根顶出种皮，胚根延伸，子叶顶出土面。玫瑰茄整个生长阶段对水分的要求不同：苗期，以田间持水量为 60%时，植株长势较好；旺长期，以田间持水量为 80%时，植株长势较好。

四、营养条件

玫瑰茄耐旱，荒山、坡地均可生长，栽培管理技术简便。播种前根据土壤肥力施用 6 000kg/hm² 精制有机肥作为基肥，旺长期结合中耕除草追施氮肥 120～150kg/hm²，现蕾期追施三元复合肥（17-17-17）120～150kg/hm² 或额外追施钾肥 75kg/hm²。

五、土壤

玫瑰茄花萼极具商业价值，花萼的花青素含量直接决定了商品的品质。土壤 pH 对玫瑰茄花青素的积累起关键作用。广西壮族自治区农业科学院经济作物研究所以玫瑰茄品种 M3 和 M5 为试验材料，测定土壤 pH 对玫瑰茄生长、根系、农艺性状、产量性状及原花青素含量的影响，结果显示：pH 过高或过低均会抑制玫瑰茄的生长，pH 低于 5.0 不适宜玫瑰茄生长，pH 为 6.0 有利于玫瑰茄根系的生长，pH 为 6.0～7.0 有利于玫瑰茄生长，其农艺性状和产量性状均表现较好，pH 为 7.0～8.0 有利原花青素的累积，因此建议玫瑰茄种植时，宜选择中性或微酸性土壤（pH 6.0～7.0）。

1. 土壤 pH 对玫瑰茄生长状况的影响

在幼苗期时，两份种质在土壤 pH 为 6.0～8.0 范围内均能正常生长，但在土壤 pH 为 4.0～5.0 时，两份种质在加入 H_2SO_4 溶液 3d 后开始出现叶片变黄、萎蔫、叶片脱落等症状，部分植株出现死亡现象。其中 M3 在 pH 为 4.0 时出现 2 盆幼苗全部死亡的现象，而 M5 则在 pH 为 4.0 和 5.0 时均出现 2 盆死亡的现象。由此可见，强酸性土壤（pH≤5.0）不适宜玫瑰茄生长。

2. 土壤 pH 对玫瑰茄根系的影响

由图 3-10 可知，土壤 pH 对玫瑰茄的根长和根干重有显著的影响。随着土壤 pH 的增加，M3 和 M5 的根长、根干重均呈现先增加后下降的趋势。M3 的根长在土壤 pH 为 5.0 时达最大值，为 29.91cm，显著大于土壤 pH 为 4.0 和 8.0 时的根长，且与 pH 为 6.0 和 7.0 时差异不显著；M5 的根长在土壤 pH 为 6.0 时达最大值，为 30.29cm，显著大于其他土壤 pH 的根长。M3 的根干重在 pH 为 5.0 时达最大值，为 2.06g，显著大于土壤 pH 为 7.0 和 8.0 时的重量；M5 的根干重在土壤 pH 为 6.0 时达最大值，为 1.88g，显著大于土壤 pH 为 4.0、7.0 和 8.0 时的重量。由此可见，土壤 pH 6.0 更适宜玫瑰茄根系的生长。

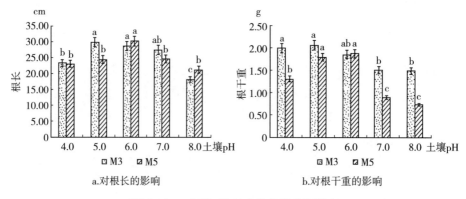

图 3 - 10　土壤 pH 对玫瑰茄根系的影响

3. 土壤 pH 对玫瑰茄农艺性状的影响

由图 3 - 11 可知，不同土壤 pH 对玫瑰茄的各农艺性状均有显著的影响。随着土壤 pH 的增加，M3 的株高、茎粗、主茎叶痕数、分枝数及 M5 的主茎叶痕数均呈现先增加后下降的趋势，而 M5 的株高呈现增加的趋势，分枝数呈现下降的趋势。M3 的株高、茎粗均在土壤 pH 为 7.0 时达最大值，分别为 49.50cm 和 6.83mm，且与 pH 为 6.0 和 8.0 时差异不显著，但显著高于 pH 为 4.0 时；主茎叶痕数和分枝数在各土壤 pH 处理下差异不显著，主茎叶痕数在土壤 pH 为 7.0 时最大，为 24.25 个，分枝数在土壤 pH 为 5.0 时最大，为 1.56 个。M5 的株高在土壤 pH 为 8.0 时最大，为 60.00cm，与土壤 pH 为 6.0 和 7.0 时差异不显著，但显著高于土壤 pH 为 4.0 和 5.0 时的株高；茎粗在土壤 pH 为 6.0 时最大，为 5.53mm，显著高于其他处理；主茎叶痕数在土壤 pH 为 6.0 时最大，为 26.76 个，显著高于土壤 pH 为 7.0 和 8.0 时；分枝数在 pH 为 4.0 时最大，为 2.91 个，与土壤 pH 为 5.0、6.0 和 7.0 时差异不显著。由此可见，M3 和 M5 在土壤 pH 分别为 7.0 和 6.0 时的农艺性状表现较好。

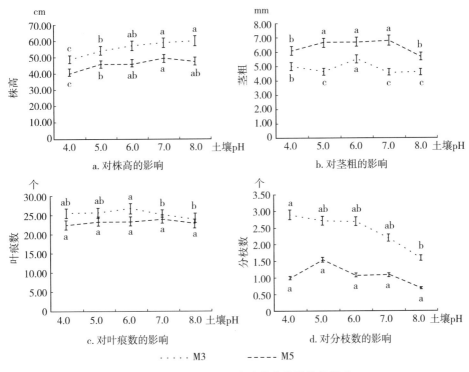

图 3-11　土壤 pH 对玫瑰茄农艺性状的影响

4. 土壤 pH 对玫瑰茄产量的影响

M5 的株果数在各土壤 pH 处理下均高于 M3，M3 的鲜果重、鲜花萼重、干花萼重在 pH 5.0～8.0 时均高于 M5。随着土壤 pH 的增加，M5 的株果数、鲜果重、鲜花萼重和干花萼重及 M3 的株果数、鲜果重均呈现先增加后下降的趋势。M3 的产量相关性状均在土壤 pH 为 7.0 时达到最大值，与土壤 pH 为 5.0和 6.0 时差异不显著。M5 的产量相关性状均在土壤 pH 为 6.0 时达到最大值，与土壤 pH 为 7.0 差异不显著，但显著高于土壤 pH 为 4.0 和 8.0 时。由此可见，M3 和 M5 在土壤 pH 分别为 7.0 和 6.0 时的产量性状表现较好（表 3-11）。

表 3-11　土壤 pH 对玫瑰茄产量的影响

土壤 pH	M3			
	株果数（个）	鲜果重（g）	鲜花萼重（g）	干花萼重（g）
4.0	5.50±1.02b	26.89±9.87c	9.17±3.37c	1.16±0.42c
5.0	7.45±1.73a	51.10±11.83ab	26.14±6.05a	2.97±0.68a
6.0	7.58±1.35a	53.63±9.51a	25.36±4.42a	2.88±0.50a

（续）

土壤 pH	M3			
	株果数（个）	鲜果重（g）	鲜花萼重（g）	干花萼重（g）
7.0	7.67±1.13a	58.23±8.60a	28.28±4.18a	3.17±0.47a
8.0	6.00±2.04ab	39.14±13.30b	17.05±5.79b	1.94±0.66b

土壤 pH	M5			
	株果数（个）	鲜果重（g）	鲜花萼重（g）	干花萼重（g）
4.0	6.36±1.76b	24.80±6.84b	12.40±3.42b	1.26±0.35b
5.0	9.55±2.38a	38.83±9.70a	19.63±4.90a	1.39±0.35b
6.0	9.59±2.40a	47.88±12.00a	23.01±5.77a	2.36±0.59a
7.0	8.57±1.71ab	40.51±8.06a	20.70±4.12a	2.24±0.45a
8.0	6.80±1.53b	18.25±4.10b	8.73±1.96b	0.95±0.21b

注：同一品种同列数据后的不同小写字母表示不同处理间差异显著。

5. 土壤 pH 对玫瑰茄原花青素含量的影响

由图 3-12 可知，土壤 pH 对玫瑰茄原花青素含量的影响显著，在不同土壤 pH 处理下，M3 的原花青素含量远高于 M5。随着土壤 pH 的增加，玫瑰茄 M3 的原花青素含量呈现先增加后降低的趋势，在土壤 pH 为 7.0 时原花青素含量最高，为 3 817.50mg/kg，与土壤 pH 为 5.0 和 6.0 时的原花青素含量差异不显著，但显著高于土壤 pH 为 4.0 和 8.0 时的原花青素含量；M5 的原花青素含量呈现先降低后增加的趋势，土壤 pH 为 4.0～7.0 时的原花青素含量差异不显著，在土壤 pH 为 8.0 时原花青素含量最高，为 560.25mg/kg，显著高于其他土壤 pH 处理下的原花青素含量。由此可见，M3 和 M5 分别在土壤 pH 为 7.0 和 8.0 时更利于原花青素的累积。

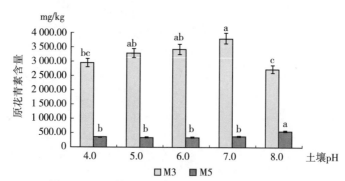

图 3-12　土壤 pH 对玫瑰茄原花青素含量的影响

注：同列数据后的不同小写字母表示不同处理间差异显著。

第四章

玫瑰茄育种

第一节　种质资源收集与评价利用

一、种质资源收集与保存

作物种质资源是保障国家粮食安全与重要农产品供给的战略性资源，是农业科技创新与现代种业发展的物质基础。目前印度农业研究委员会中央黄麻及纤维研究所（ICAR – Central Research Institute for Jute and Allied Fibres）保存有玫瑰茄种质628份（Mahapatra et al.，2008），我国国家麻类作物种质中期库保存珍贵玫瑰茄种质30份（戴志刚等，2012）；广西壮族自治区农业科学院经济作物研究所通过在云南、福建、广西等玫瑰茄主产区进行资源收集以及从中国农业科学院麻类研究所、福建省农业科学院亚热带农业研究所、浙江省园林植物与花卉研究所、福建农林大学等单位引进，共保存有玫瑰茄种质200份（表4－1）。

表4－1　广西壮族自治区农业科学院经济作物研究所保存的部分玫瑰茄种质资源

名称	来源	名称	来源	名称	来源
M3	福建漳州	MG8	海南三亚	H046	湖南长沙
M5	福建漳州	广东红	广东佛山	H150	湖南长沙
M6	福建漳州	白玫瑰茄	广东佛山	H160	湖南长沙
M10	福建漳州	4667	湖南长沙	H166	湖南长沙
M13	福建漳州	4668	湖南长沙	H168	湖南长沙
1903024	福建漳州	ACC – NO – 4293	湖南长沙	J4	浙江杭州
1903025	福建漳州	4611	湖南长沙	J8	浙江杭州

（续）

名称	来源	名称	来源	名称	来源
J11	浙江杭州	JZ2018MG011	广西桂林	MG60	广西南宁
J12	浙江杭州	JZ2018MG012	广西钦州	MG7	广西玉林
J13	浙江杭州	JZ2018MG013	广西柳州	YN2019101501	云南楚雄
JZ2018MG001	广西南宁	JZ2018MG014	广西桂林	YN2019101502	云南楚雄
JZ2018MG002	广西南宁	JZ2018MG015	广西桂林	YN2019101503	云南楚雄
JZ2018MG003	广西南宁	JZ2018MG016	广西河池	YN2019101504	云南楚雄
JZ2018MG004	广西南宁	JZ2018MG017	广西河池	YN2019101505	云南楚雄
JZ2018MG005	广西河池	JZ2018MG018	广西河池	YN2019101506	云南楚雄
JZ2018MG006	广西百色	JZ2018MG019	广西南宁	YN2019101507	云南楚雄
JZ2018MG007	广西河池	JZ2018MG020	广西南宁	YN2019101508	云南楚雄
JZ2018MG008	广西南宁	JZ2018MG021	广西北海	YN2019101509	云南楚雄
JZ2018MG009	广西贵港	桂玫瑰茄1号	广西南宁	YN2019101510	云南楚雄
JZ2018MG010	广西柳州	桂玫瑰茄2号	广西南宁	玫瑰茄-2	福建漳州

二、种质资源鉴定与评价

广西壮族自治区农业科学院经济作物研究所于2019年在南宁武鸣区对18份玫瑰茄种质资源进行了鉴定与评价，基于10个农艺性状开展了遗传多样性、相关性分析。结果显示，收集的资源具有丰富的遗传多样性，10个农艺性状的变异系数为8.1%～72.5%，其中单株鲜果重的变异系数最大，为72.5%；10个表型性状遗传多样性指数为0.961～1.985（表4-2）。相关性分析表明，茎粗、有效分枝数与单株果数、鲜花萼产量和干花萼产量显著相关（表4-3）。

表4-2 玫瑰茄种质资源的表型性状

农艺性状	极小值	极大值	极差	均值	变异系数（%）	多样性指数
株高（cm）	133.5	180.8	47.3	156.3	8.5	1.736
茎粗（mm）	11.2	20.5	9.3	15.1	14.6	1.537
有效分枝数（个）	4.6	12.0	7.4	8.3	20.2	1.827
无效分枝数（个）	9.4	19.0	9.6	14.4	18.5	1.985
主茎总叶痕数（个）	49.3	63.8	14.5	57.1	8.1	1.880

（续）

农艺性状	极小值	极大值	极差	均值	变异系数（%）	多样性指数
单株果数（个）	13.2	87.3	74.1	31.2	65.2	1.536
单株干果数（个）	5.0	28.3	23.3	14.1	50.5	1.880
单株鲜果重（g）	103.2	837.0	733.8	273.7	72.5	1.536
单株鲜花萼重（g）	66.0	344.4	278.4	142.9	51.1	0.961
单株干花萼重（g）	6.8	34.0	27.2	15.0	51.8	1.831

表 4-3 玫瑰茄种质资源性状相关性分析

农艺性状	株高	茎粗	有效分枝数	无效分枝数	主茎总叶痕数	单株果数	单株干果数	单株鲜果重	单株鲜花萼重	单株干花萼重
株高	1									
茎粗	0.184									
有效分枝数	−0.076	0.427*								
无效分枝数	0.671**	−0.083	−0.45							
主茎总叶痕数	0.756**	0.363	−0.128	0.783**						
单株果数	−0.337	0.723**	0.665**	−0.562*	−0.122					
干果数	−0.065	0.158	0.444	−0.295	−0.054	0.445				
单株鲜果重	−0.304	0.748**	0.636**	−0.547*	−0.104	0.993**	0.415			
单株鲜花萼重	−0.217	0.560*	0.622**	−0.494*	−0.081	0.869**	0.256	0.861**		
单株干花萼重	−0.246	0.647**	0.652**	−0.527*	−0.126	0.947**	0.333	0.951**	0.957**	1

注：* 与 ** 分别表示在 $p<0.05$ 和 $p<0.01$ 水平上显著相关。

以福建引种的 5 份玫瑰茄种质为试验材料，测定种质的品质性状，分析种质的原花青素、柠檬酸、粗多糖含量（唐兴富等，2017）。结果表明，5 份种质干花萼的原花青素含量和柠檬酸含量差异显著，粗多糖含量差异不显著。玫瑰茄-2 干花萼的原花青素含量为 1 290mg/100g，显著高于其他种质，M6 的柠檬酸含量为 80.5mg/100g，显著高于其他种质，玫瑰茄-2 的粗多糖含量最高，为 2.08%（表 4-4）。

表 4-4 玫瑰茄干萼片营养成分分析

品种	原花青素（mg/100g）	柠檬酸（mg/100g）	粗多糖（%）
M3	1 266.0b	38.6d	2.03a

（续）

品种	原花青素（mg/100g）	柠檬酸（mg/100g）	粗多糖（%）
M5	171.0d	59.5c	2.04a
M6	180.0c	80.5a	1.68a
M13	44.3e	35.1e	1.97a
玫瑰茄-2	1 290.0a	75.1b	2.08a

注：同列数据后不同小写字母表示不同品种间差异显著（$p < 0.05$）。

第二节　玫瑰茄杂交方法

杂交育种是玫瑰茄品种改良的有效途径，优良的玫瑰茄杂交方法对于减轻育种工作强度、提高工作效率、加快新品种选育进程有重要意义。

玫瑰茄为自花授粉作物，花单生，华南地区玫瑰茄开花期集中在 9—10 月，是杂交的关键时期。玫瑰茄常规杂交存在三大缺陷，一是去雄速度慢，去雄时仅去除花冠，保留花萼，影响去雄速度；二是杂交成功率低，采用镊子去雄易导致花柱受伤，影响杂交成功率；三是易于发生串粉，常规杂交去雄后未包裹叶片，而玫瑰茄花萼腺流蜜极易吸引蜜蜂或其他昆虫传粉，从而导致串粉。针对上述问题，广西壮族自治区农业科学院经济作物研究所发明了一种操作简便且实用的玫瑰茄杂交方法，其操作步骤如下。

一、母本去雄

（1）时间的选择。于玫瑰茄盛花期，选择晴朗且最低温度不低于 15℃ 的天气，于杂交前一天下午 15：00—18：00 进行去雄；若当天温度较高，可适当推迟去雄时间。

（2）花蕾的选择。选择第 2d 即将开放的花朵，即花冠约三分之二露出花萼呈现淡黄色但花冠未展开（图 4-1a）。

（3）雄蕊去除。用手将萼片轻轻全部掰掉，保留副萼（图 4-1b），将花瓣按逆时针方向轻轻剥离，露出花柱和柱头（图 4-1c），用一个长 3～6cm、宽 2～3cm 的圆角塑料薄片，自上而下将雄蕊轻轻从花柱上刮离下来，确保所有雄蕊全部从花柱上剥离，露出柱头（图 4-1d）。

（4）叶片包裹柱头。取植株底部较大的一片叶片，用叶片呈"饺子形"包裹已去雄的花朵，并用嫁接夹将其固定在茎秆或分枝上（图 4 - 1e）。

（5）挂牌。将一个空吊牌挂在花柄部位，待第 2d 杂交后标明父母本名称和杂交时间。

图 4 - 1 玫瑰茄杂交过程

二、取花

入选为父本的花朵，为避免父本花粉受到污染，应于杂交前一天下午用嫁接夹夹住含苞待放的花蕾的顶部（0.5～1.0cm处），注意避免嫁接夹所夹花冠的位置太靠下而夹住或夹伤柱头，同时不要夹到萼片，以免嫁接夹挣脱（图4-1f）。这些预先用嫁接夹处理的花朵，次日即作为父本使用。

三、人工授粉

（1）取父本花朵。于上午7：00—10：00，如遇气温较低或者阴天时可适当延迟授粉时间，将入选为父本的花朵取下，轻轻地将萼片及花冠全部去除，露出花柱。

（2）授粉。打开母本的嫁接夹将叶片移除，将父本的花粉轻轻沾到母本柱头上（图4-1g）；若遇到阴天或者风力较大的天气，可将叶片继续夹回母本，授粉后第3d将嫁接夹移除即可。

（3）标明吊牌。杂交完成后，标明父母本名称和杂交时间。

四、杂交成功率检查

授粉3～5d后即可检查成功率，授粉成功的花朵花柱脱落，留下小球形蒴果（图4-1h）。

五、杂交种子收获

待蒴果表皮红色或绿色退去，蒴果表面变为黄色或灰黄色，蒴果心皮间微微开裂，种子呈现褐色或黑褐色即可采收（图4-1i）。

该玫瑰茄杂交方法改变了传统的玫瑰茄杂交只去除花冠、利用镊子等尖细器物将雄蕊去除的传统方法，将花萼全部去除，不仅保证了去雄的速度，减少去雄不彻底的缺点，而且可以减少后期种子发育过程中花萼与种子的营养竞争；采用圆角塑料薄片进行去雄，减少了镊子等尖细器物对花柱进行的外部刺伤等，提高了杂交成活率。母本去雄后采用植株下部叶片，利用嫁接夹将柱头包裹，保证了柱头不被其他花粉污染及其完整性，避免了柱头在阴雨天气被雨水淋湿，同时也可通过摘除下部的衰老叶片，提升植株的通风性。塑料嫁接夹处理父本、母本花朵，相对于纸袋成本更低，操作更简便且可多次利用。杂交果无萼片只有蒴果，易于观察且可防止蒴果外围积水引起种子霉变。该方法操作简单，省时省力，适合大规模推广应用。

广西壮族自治区农业科学院经济作物研究所采用不同的杂交方式（去除花萼，叶子包裹；去除花萼，叶子不包裹；去除花萼，纸袋包裹；常规方法，即不去除花萼，叶子不包裹）对玫瑰茄进行了杂交，探索不同杂交方式对去雄时间、杂交成功率、杂交种数量和杂交种出苗率的影响。结果显示，基于相同的15个杂交果的基础上，"去除花萼，叶子包裹"方法最好，收获的杂交种子数量较多，为329粒；授粉成功率最高，达100%；出苗率最高，达94.83%；去雄速度较快，每朵去雄用时2.1min，较常规方法速度提高1倍。其次是"去除花萼，叶子不包裹"收获的杂交种子为285粒；授粉成功率达93.3%；出苗率达93.68%，去雄速度最快，每朵去雄用时2.0min；"去除花萼，纸袋包裹"收获的杂交种子为210粒；授粉成功率为66.7%；出苗率为90.48%，去雄速度较慢，每朵去雄用时3.0min；常规方法（即不去除花萼，叶子不包裹）收获的杂交种子为361粒，授粉成功率为86.7%，出苗率82.54%，去雄速度慢，每朵去雄用时4.1min（表4-5）。

表 4-5　不同杂交方式对去雄时间、杂交成功率、杂交种数量和杂交种出苗率的影响

处理方式	朵数	单朵去雄时间（min）	种子数（粒）	授粉成功率（%）	出苗数（株）	出苗率（%）
去除花萼，叶子包裹	15	2.1	329	100.0	312	94.83
去除花萼，叶子不包裹	15	2.0	285	93.3	267	93.68
去除花萼，纸袋包裹	15	3.0	210	66.7	190	90.48
不去除花萼，叶子不包裹（常规方法）	15	4.1	361	86.7	298	82.54

第三节　玫瑰茄新品种选育

玫瑰茄的花萼极具商业价值，高产和高花青素含量为玫瑰茄的主要育种目标。玫瑰茄为短日照、自花授粉作物，花期长达30d左右，花冠大、花柱长、柱头大、花粉多，这些因素都非常有利于玫瑰茄的杂交育种。选择综合性状优良的品种作为母本，选择花青素含量高、萼片长、株型好的品种作为父本，进行有性杂交，杂交后代采用混合法和系谱法相结合的选择手段进行玫瑰茄新品种选育。

高产品种应具备合理的株型、良好的光合性能和合理的产量构成因素。玫瑰茄合理的株型为矮秆（1.2m为宜）、株型紧凑，分枝多，叶片挺直，叶色较深；良好的光合性能为矮秆抗倒，叶片上举、色深，着生合理、互相遮光

少，绿叶时间长；合理的产量构成因素包括亩株数、单株鲜果重、单株鲜花萼重、单株干花萼重。玫瑰茄鲜果产量＝亩株数×单株鲜果重；鲜花萼产量＝亩株数×单株鲜花萼重；干花萼产量＝亩株数×单株干花萼重。

花萼花青素含量与品种、栽培条件密切相关。在高花青素品种选育过程中，杂交组合的双亲选择至关重要，亲本之一必须为花青素含量高的品种，另一个亲本为综合农艺性状良好的品种。群体选择过程，选择花萼颜色深即花青素含量高的单株，因为花萼颜色越深，花青素含量越高。

广西壮族自治区农业科学院经济作物研究所从2014年开始玫瑰茄种质创新利用工作，目前育成玫瑰茄新品种5个，品种的特征特性如下。

一、桂玫瑰茄1号

【品种来源】广西壮族自治区农业科学院经济作物研究所育成，由母本M3、父本M5进行有性杂交，采用混合法与系谱法相结合的手段选育而成的新品种。

【特征特性】该品种为玫红花萼类型，生育期195d，平均鲜果每亩产量1 434.05kg，鲜花萼每亩产量890.86kg，干花萼每亩产量97.47kg。株高195cm，茎粗16.40mm，有效分枝数32个，无效分枝数8个，主茎总叶痕数73.5个，单株果数249个，单株鲜果重1.72kg，单株鲜花萼重1.07kg，单株干花萼重0.12kg，种子千粒重36.7g。茎色红绿镶嵌，花冠淡黄色、叶深绿色、掌状5深裂、裂片披针形，花萼桃形、玫红色，种子亚肾形、褐色（图4-2）。

图4-2　桂玫瑰茄1号

【适合区域】适于广西、广东、福建、云南、海南等省份栽培。

二、桂玫瑰茄 2 号

【品种来源】广西壮族自治区农业科学院经济作物研究所育成，由母本 M3、父本 M10 进行有性杂交，采用混合法与系谱法相结合的手段选育而成的新品种。

【特征特性】该品种为紫红花萼类型，生育期 170d，平均鲜果每亩产量 1 484.08kg，鲜花萼每亩产量 808.74kg。株高 189cm，茎粗 17.93mm，有效分枝数 28 个，无效分枝数 11 个，主茎总叶痕数 73 个，单株果数 225 个，单株鲜果重 1 780g，单株鲜花萼重 970g，单株干花萼重 110g，种子千粒重 38.5g。深紫色茎，粉红花，深绿色掌状 3 浅裂、裂片披针形叶（上部叶型），花萼杯形、紫红色，种子亚肾形、褐色（图 4-3）。

图 4-3　桂玫瑰茄 2 号

【适合区域】适于广西、广东、福建、云南、海南等省份栽培。

三、桂玫 3 号

【品种来源】广西壮族自治区农业科学院经济作物研究所育成，由母本 M3、父本 M5 进行有性杂交，采用混合法与系谱法相结合的手段选育而成的新品种。

【特征特性】该品种为深紫花萼类型，生育期 188d，平均鲜果每亩产量 793.48kg，鲜花萼每亩产量 488.66kg，干花萼每亩产量 50.91kg。株高 169.25cm，茎粗 18.40mm，有效分枝数 15.5 个，无效分枝数 21 个，主茎总叶痕数 74 个，单株果数 46.25 个，单株鲜果重 380.75g，单株鲜花萼重 234.48g，单株干花萼重 24.43g，种子千粒重 36.6g。茎色红绿相间，粉红花，深绿色掌状 3 浅裂、裂片披针形叶（上部叶型），花萼杯形、深紫红色，种子亚肾形、褐色（图 4-4）。

图 4-4　桂玫 3 号

【适合区域】适于广西、广东、福建、云南、海南等省份栽培。

四、桂玫 5 号

【品种来源】广西壮族自治区农业科学院经济作物研究所育成，从母本 M5 变异单株选出，采用系统育种法选育而成的新品种。

【特征特性】该品种为玫红花萼类型，生育期 189d，平均鲜果每亩产量 784.71kg，鲜花萼每亩产量 486.69kg，干花萼每亩产量 65.83kg。株高 162.2cm，茎粗 14.41mm，有效分枝数 9.4 个，无效分枝数 15.6 个，主茎总叶痕数 59.4 个，单株果数 21.2 个，单株鲜果重 235.4g，单株鲜花萼重 146g，单株干花萼重 16.06g，种子千粒重 36.94g。茎色红绿镶嵌，黄花，深绿色掌状 5 深裂、裂片披针形叶（上部叶型），花萼桃形、玫红色，种子亚肾形、褐色（图 4-5）。

图 4-5　桂玫 5 号

【适合区域】适于广西、广东、福建、云南、海南等省份栽培。

五、桂玫 6 号

【品种来源】广西壮族自治区农业科学院经济作物研究所育成，由母本M5 变异单株选出，采用混合法与系谱法相结合的手段选育而成的新品种。

图 4-6　桂玫 6 号

【特征特性】该品种为紫红花萼类型，生育期186d，平均鲜果每亩产量820.90kg，鲜花萼每亩产量487.53kg，干花萼每亩产量52.34kg。株高178.5cm，茎粗16.21mm，有效分枝数15.5个，无效分枝数21个，主茎总叶痕数76.5个，单株果数26.5个，单株鲜果重197.0g，单株鲜花萼重117.0g，单株干花萼重12.56g，种子千粒重35.96g。红色茎，粉红花，深绿色掌状5浅裂、裂片披针形叶（上部叶型），花萼杯形、紫红色，种子亚肾形、褐色（图4-6）。

【适合区域】适于广西、广东、福建、云南、海南等省份栽培。

第五章
玫瑰茄栽培与繁育技术

第一节　玫瑰茄栽培技术

玫瑰茄喜温暖，畏寒冷，怕早霜。生长在北纬30°以南、海拔600m以下的丘陵与平地，适于华南和西南部分地区种植。栽培技术是保障作物高产、优质的有效措施，也是充分挖掘作物高产、优质潜力的重要手段。目前，基于不同的栽培目的，形成了以下不同的玫瑰茄栽培技术。

一、玫瑰茄高产栽培技术

（1）选地、犁耙及土壤消毒。选择地力均匀、肥力中等的地块，犁耙后喷施杀菌剂进行土壤消毒。

（2）苗床准备与育苗。4月下旬，将基质与营养土以1∶1的比例进行装杯，拱棚育苗，每杯留苗2株，当幼苗长至4片真叶时即可带土移栽。

（3）整地与基肥。按每亩施入三元复合肥（15-15-15）20kg、有机肥400kg作为基肥，以1m的行距开沟做畦，畦沟40cm，畦面宽60cm。

（4）大田移栽。当苗长至4～6片真叶时，选择阴天移栽到大田中，60cm宽的畦面中央种植1行，株距80cm，行距100cm，每亩种植密度为800～850株，移苗后要浇足定根水（图5-1）。

（5）水肥管理。整个生长时期根据玫瑰茄的长势进行水肥管理，旺长期及开花、结果期适当追肥，每亩追施三元复合肥（15-15-15）10～20kg。

（6）病虫害防治。玫瑰茄生长过程中主要病害为白绢病和立枯病。白绢病采用50%多菌灵可湿性粉剂800～1 000倍液或80%代森锰锌可湿性粉剂1 000～1 500倍液灌根。立枯病采用50%异菌脲可湿性粉剂2～4g/m²，兑水浇泼；或每亩使用80％代森锰锌可湿性粉剂80～100g兑水喷雾。

（7）适时采收及脱核晾晒。当果核转色时及时剪收鲜果，鲜果剪收后及时脱核，并将果核和花萼分开晾晒，花萼晒干后及时防潮保存。

图5-1 玫瑰茄高产栽培（苗期）

二、玫瑰茄一年两熟栽培技术

玫瑰茄一年两熟栽培技术包括春造和秋造栽培技术。

（一）春造玫瑰茄栽培技术

（1）制备育苗杯。采用噁霉灵将营养土消毒后装入育苗容器中备用。

（2）育苗。3月下旬育苗，将育苗容器内的营养土浇透水后再播种玫瑰茄种子，并将育苗容器放置在气温为25～27℃的人工气候室培养。

（3）整地。深耕犁耙后施入基肥，并以0.8m的行距开沟，最后用噁霉灵喷施整块种植田进行土壤消毒。

（4）大田移栽。当苗长至4片真叶时，选择阴天移栽，移苗时将育苗容器去掉，按株行距0.8m×0.8m的规格带土移栽，移栽后浇足定根水。

（5）短日处理。当玫瑰茄返青且长至5～6片真叶时，在种植小区上方搭起小拱棚，覆盖黑色薄膜进行遮光处理，使日照时间为11h，遮光处理20～25d，直至玫瑰茄现蕾后再揭去黑色薄膜（图5-2）。

（6）水肥管理。根据玫瑰茄的长势进行水肥管理，旺长期及时补充水分至田间土壤相对持水量达70％～80％，若遇暴雨积水，及时排水；苗返青后，追施三元复合肥（15-15-15）10～20kg。

（7）主要病虫害防治。玫瑰茄生长过程中主要病害为白绢病和立枯病。白绢病采用 50% 的多菌灵可湿性粉剂 800～1 000 倍液或 80% 的代森锰锌可湿性粉剂 1 000～1 500 倍液灌根。立枯病采用 99% 的噁霉灵兑水 3 000 倍灌根，每株 200～400mL，每 7d 一次，连续 3 次。

（8）采摘与贮藏。6 月下旬开始采摘第一批鲜果，6～10d 后采摘第二批鲜果；鲜果采收后及时脱核，并将果核和花萼分开晾晒。

图 5-2　一年两熟栽培技术（春造短日处理）

（二）秋造玫瑰茄栽培技术

（1）制备育苗杯。采用噁霉灵将营养土消毒后装入育苗容器中备用。

（2）育苗。5 月下旬开始育苗，将育苗容器内的营养土浇透水后再播种玫瑰茄种子，并将育苗容器放置在 25～27℃ 的人工气候室培养。

（3）整地。深耕犁耙后施入基肥，并以 0.8m 的行距开沟，最后用噁霉灵喷施整块种植田进行土壤消毒。

（4）大田移栽。7 月初换行定植，夏季种植行和春季种植行相错开；选择阴天移栽，移苗时将育苗容器去掉，按株行距 0.8m×0.8m 的规格带土移栽，移栽后浇足定根水。

（5）水肥管理。根据玫瑰茄的长势进行水肥管理，旺长期及时补充水分至田间土壤相对持水量达 70%～80%，若遇暴雨积水，及时排水；苗返青后，追施三元复合肥（15-15-15）10～20kg。

（6）主要病虫害防治。玫瑰茄生长过程中主要病害为白绢病和立枯病。白绢病采用 50% 多菌灵可湿性粉剂 800～1 000 倍液或 80% 代森锰锌可湿性粉剂 1 000～1 500 倍液灌根。立枯病采用 99% 噁霉灵兑水 3 000 倍灌根，每株 200～400mL，每 7d 一次，连续 3 次。

（7）采摘与贮藏。10月上旬开始分批采摘鲜果；鲜果采收后及时脱核，并将果核和花萼分开晾晒。一般间隔7d左右的时间采摘，根据玫瑰茄的生长情况，采摘4次左右（图5-3）。

图5-3　一年两熟栽培技术（秋造）

采用上述一年两熟的方法栽培玫瑰茄，其鲜果及鲜花萼的产量如表5-1所示。

表5-1　一年一熟与一年两熟栽培技术模式下鲜果与鲜花萼产量对比

单位：kg

栽培技术		单株鲜果重	折合亩产鲜果重	单株鲜花萼重	折合亩产鲜花萼重
一年两熟	春造	0.352	366.53	0.235	244.58
	秋造	0.707	736.69	0.483	503.50
	小计	1.059	1 103.22	0.718	748.08
一年一熟		1.043	1 086.81	0.721	751.28

由表5-1可见，一年两熟鲜果亩产量较一年一熟增产1.51%，而一年两熟鲜花萼亩产量略低于一年一熟。春造玫瑰茄鲜果上市具有价格优势，春季鲜果平均每千克40～50元，比集中上市时平均价格（每千克12～20元）要高得多，提高了经济效益。因此，一年两熟栽培技术不仅提高土地复种指数，而且

提高经济效益。

三、玫瑰茄一年两收栽培技术

（1）制备育苗杯。采用99％含量的噁霉灵与营养土以1∶15 000的比例进行拌土消毒，然后使用容积为200mL的纸杯装土备用。

（2）育苗。3月25日，将育苗杯浇透底墒水，每个营养杯播种2粒，放置于25～27℃的人工气候室培养，苗长至4片真叶时，移入大田。

（3）整地与施基肥。深耕犁耙，每亩施入三元复合肥（15－15－15）20kg、有机肥400kg作为基肥，以0.8m的行距开沟，最后每亩用15％水剂的噁霉灵600mL兑水喷施整块种植田，进行土壤消毒。

（4）大田移栽。4月15日移栽，此时苗长至4片真叶，移苗时将纸杯去掉，按0.8m×0.8m的规格带土移栽，每亩移苗1 042株，移苗后浇足定根水。

（5）短日处理。当玫瑰茄返青且长至5～6片真叶时，在种植小区上方搭起小拱棚，覆盖黑色薄膜进行遮光处理，使日照时间为11.0h，即18：30覆盖、次日7：30揭开黑色薄膜，直至玫瑰茄现蕾后才停止遮光处理。

（6）第一次收获。在5月下旬第一朵花开放时，每亩追施钾肥5kg，30d后采摘第一批鲜果，7d后采摘第二批鲜果，采收两批鲜果后停止采摘，完成第一次收获（图5－4）。

（7）抹除花蕾。于7月上旬第一次收获结束后，每亩追施尿素20kg，同时抹除植株上的小花蕾，促使玫瑰茄在外界长日照的环境下发生逆转，重新进入营养生长。

（8）水肥管理。根据玫瑰茄的长势进行水肥管理，旺长期应及时补充水分至田间土壤相对持水量达70％～80％，若遇暴雨积水，应及时排水；同时，根据玫瑰茄长势，每亩追施三元复合肥（15－15－15）10kg。

图5－4　一年两收栽培技术短日
处理和第一次收获

（9）病虫害防治。玫瑰茄生长过程中主要病害为白绢病和立枯病。白绢病采用50％多菌灵可湿性粉剂800倍液灌根；立枯病采用99％噁霉灵兑水3 000倍灌根，每株200～400mL，每7d一次，连续3次。

（10）第二次收获。于9月上旬开始开花，10月8日开始分批采摘果实，每隔7d采收一次，采收4次。开花后30d是花萼的最佳采摘期，为保证花萼的质量和商品性，分批次进行采摘。鲜果采收后及时脱核，并将果核和花萼分开晾晒，花萼晒干后及时防潮保存。

第二节　玫瑰茄繁育技术

扦插快繁作为无性繁殖的重要方法之一，遗传稳定、能保持母本优良性状，具有操作简单、周期短、产量大等特点。基于玫瑰茄枝条扦插生根能力强的特点，总结出玫瑰茄扦插快繁技术如下：

（1）插穗的选择。选择营养生长期的植株枝条，截取枝条的上部、中部部位作为插穗，插穗有2～3个腋芽，长约30cm，直径为0.5～1.0cm。

（2）插穗生根液处理。用水将原液稀释250倍制备插穗生根液（生根剂C13），将需要处理的插穗底部浸入生根液中1cm深左右，浸泡20min。

（3）扦插基质。将处理好的插穗竖插（深度约2cm）至装满河沙或营养土基质的托盘中，进行生根培养。

（4）遮阳处理。扦插后的托盘放在正常气温条件的遮雨棚中，扦插后前4d，扦插托盘上方覆盖30％透光率的黑色遮阳网，第5d揭去遮阳网，第14d玫瑰茄生根数量达到移栽要求。

（5）田间管理。扦插期间，早晚适当喷雾，保持基质湿润但不滞水。

2018年广西壮族自治区农业科学院经济作物研究所以玫瑰茄MG1501-1和MG1502-2为试验材料，研究不同处理对玫瑰茄扦插生根的影响，发现枝条中部为最佳插穗部位，河沙为最佳扦插基质，而营养生长时期和花期插穗对生根的差异不显著。

试验结果一：筛选出枝条中部为最佳插穗部位。将玫瑰茄MG1501-1和MG1502-2不同生长时期的不同部位（上部、中部、下部）插穗，分别经生根液和清水处理，扦插到河沙基质、"营养土＋细黄土＝1：1"基质和黏性土壤基质中进行生根培养。扦插14d后，对不同处理下的生根数量进行统计分析。结果显示，所有处理下，MG1501-1和MG1502-2的中部插穗的生根数量最多，其中"MG1501－1＋河沙基质＋花期的中部插穗＋生根液"处理生根数量最多，为22.88条，"MG1501－1＋'营养土＋细黄土＝1：1'基质＋营养生长期的中部插穗＋生根液"处理生根数量为14.85条；"MG1501－1＋黏性土壤基质＋花期的中部插穗＋生根液"处理生根数量为3.4条（图5－5）。

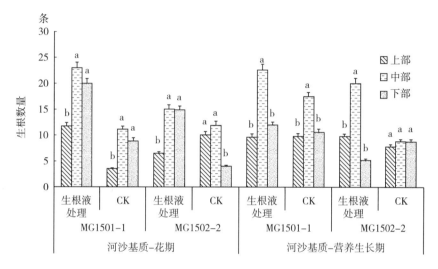

图5－5 不同处理对玫瑰茄扦插生根的影响

注：同一处理图柱上不同小写字母表示差异显著（$p<0.05$）。

试验结果二：河沙为最佳扦插基质。将玫瑰茄MG1501－1和MG1502－2不同生长时期的插穗经生根液和清水处理后，分别扦插在装好河沙基质、"营养土＋细黄土＝1：1"基质和黏性土壤基质的托盘里，扦插14d后对不同基质中插穗的生根数量进行统计。结果显示，扦插基质以河沙基质处理的生根数量最多，与黏性土壤基质相比，达到显著差异；其次是"营养土＋细黄土＝1：1"基质；最后是黏性土壤基质。处理组合"MG1501－1＋花期插穗＋生根液"在各个基质中的生根数量均为最多，其中河沙基质生根数量为54.53条，"营养土＋细黄土＝1：1"基质生根数量为29.45条，黏性土壤基质生根数量为6.8条（表5－2）；此外，不同基质对生根速度、根的颜色、愈伤组织的形成均存在差异。其中，河沙基质第3d生根率达93.34%，且根较白，形成愈伤组织最少，仅为10.0%；而黏性土壤基质第3d生根率仅为12.5%，且易于形成愈伤组织，发生率达66.7%，非常不利于生根；"营养土＋细黄土＝

1∶1"基质介于两者之间（表5-3，图5-6）。

表5-2　不同基质对玫瑰茄扦插生根的影响

插穗生长时期	品系	处理	生根数量（条）		
			黏性土壤基质	"营养土＋细黄土＝1∶1"基质	河沙基质
花期	MG1501-1	生根液	6.8b	29.45ab	54.53a
		CK	5.3c	14.90b	23.52a
	MG1502-2	生根液	1.5c	20.30b	36.45a
		CK	0b	16.65a	26.20a
营养生长期	MG1501-1	生根液	2.0b	29.40ab	44.14a
		CK	0c	25.35b	38.03a
	MG1502-2	生根液	6.0b	17.20b	34.88a
		CK	0.8c	13.35b	23.97a

注：同行数据后不同小写字母表示差异显著（$p < 0.05$）。

表5-3　不同基质第3d生根率及愈伤组织发生率

单位：％

处理	第3d生根率	愈伤组织发生率
河沙基质	93.34	10.0
"营养土＋细黄土＝1∶1"基质	90.42	33.3
黏性土壤基质	12.5	66.7

a.河沙基质

b."营养土+细黄土＝1∶1"基质

c.黏性土壤基质

图 5-6　玫瑰茄插穗扦插于不同基质中的生根及愈伤组织形成情况

　　试验结果三：不同生长时期的插穗对玫瑰茄扦插生根差异不明显。选择玫瑰茄植株的营养生长期和花期进行采穗，将插穗经生根液和清水处理后分别扦插在不同基质中进行生根培养。结果显示，营养生长期插穗或花期插穗扦插于河沙基质或"营养土＋细黄土＝1∶1"基质的生根数量差异不显著（图 5-7）。

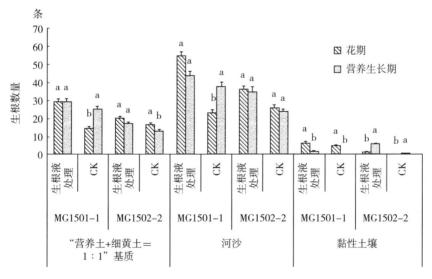

图 5-7　不同生长时期的插穗对玫瑰茄扦插生根的影响

注：同一处理图柱上不同小写字母表示差异显著（$p < 0.05$）。

第六章
玫瑰茄盆景制作技术

玫瑰茄盆景制作技术包括直播盆景制作技术、扦插盆景制作技术和嫁接盆景制作技术三种。直播盆景制作技术包括春季直播和秋季直播盆景制作技术；扦插盆景制作技术包括春季扦插和秋季扦插盆景制作技术。

第一节　直播盆景制作技术

玫瑰茄花果期的花萼呈玫红或紫红色，花为黄色或粉红色，叶子绿色，极具观赏价值，适宜作为观赏花卉。基于盆景矮化、美观、错落有致等特点，研发了玫瑰茄盆景制作技术。

一、玫瑰茄春季直播盆景制作技术

（1）选择饱满健康的玫瑰茄种子，播种前种子经 40℃ 的温水浸泡 2h。

（2）培养土的准备。选择育苗基质，用噁霉灵拌土消毒，装入直径为 20cm、深 20cm 的圆形花盆中，浇足水，备用。

（3）将浸泡好的种子点播在花盆中，每盆播 2 粒种子，放在温度为 25～27℃ 的温室里培养，其间保持花盆营养土湿润。

（4）当植株长至 4 叶期时，将矮壮素原液稀释 1 500 倍（50％矮壮素水剂）进行喷施。

（5）在这些盆栽植株外架设拱形支架，采用黑色薄膜进行遮光处理，即 18：30 覆盖、次日 7：30 揭开黑色薄膜，使玫瑰茄日照时间为 11h。遮光处理 25～30d，玫瑰茄即可现蕾，现蕾后停止遮光处理。

（6）盆栽植株进入花期，配合适当的修剪，形成矮壮塔形株型，且花果同株，制作出漂亮的盆景。

（7）根据盆景的生长情况，酌情浇水和浇 1 倍的霍格兰氏（Hoagland）营养液，进行盆景养护（图 6-1a）。

二、玫瑰茄秋季直播盆景制作技术

（1）选择饱满健康玫瑰茄种子，播种前种子经 40℃的温水浸泡 2h。

（2）培养土的准备。选择育苗基质，用噁霉灵拌土消毒，装入直径为 20cm、深 20cm 的圆形花盆中，浇足水，备用。

（3）将浸泡好的种子点播在花盆中，每盆播 2 粒种子，放在室外阳光充足的地方培养，其间保持花盆营养土湿润。

（4）当植株长至 4 叶期时，将 50%矮壮素水剂稀释 1 500 倍进行喷施。

（5）植株进入花期后，配合修剪，形成矮壮塔形株型，且花果同株，制作出漂亮的盆景。

（6）根据盆景的生长情况，酌情浇水和浇 1 倍的霍格兰氏（Hoagland）营养液，进行盆景养护（图 6-1b）。

a.春季直播盆景　　　　　　b.秋季直播盆景

图 6-1　玫瑰茄直播盆景

第二节 扦插盆景制作技术

一、玫瑰茄春季扦插盆景制作技术

（1）培养土的准备。选择育苗基质，将噁霉灵与育苗基质以 1∶15 000 的比例进行拌土消毒，然后装入直径为 20cm、深 20cm 的圆形花盆中，浇足水，备用。

（2）采穗植株的选择。选择健康且进入花期的植株作为采穗植株。采穗植株的培育：3 月下旬播种育苗，当苗长至 4 片真叶时，再移栽。当玫瑰茄返青且长至 5～6 片真叶时，在种植小区上方搭起小拱棚，覆盖黑色薄膜进行遮光处理，使日照时间为 11.0h，遮光处理 22d，直至玫瑰茄现蕾后再揭去黑色薄膜。此时，玫瑰茄植株已进入花期。

（3）插穗的准备。选择采穗植株中上部的枝条，剪取枝条的中上部 20～30cm 半木质化枝条作为插穗，每个插穗保留 2～3 个芽和少许叶子。

（4）浸泡生根液。选取原液（生根剂 C13）稀释 250 倍，将需要处理的插穗的底部浸入生根液中 1cm 左右，浸泡 20min。

（5）将浸泡生根液的插穗竖插入事先准备好的花盆中。

（6）在刚完成扦插的盆景上方覆盖 30％遮光率的黑色遮阳网，7d 后生根完成即揭去遮阳网。

（7）扦插后喷雾或浇水保湿，保证插穗 10d 左右生根发芽。开花结果期应及时补充水分至土壤相对持水量达 70％～80％，同时适当追肥，每 14d 浇一次 1 倍的霍格兰氏（Hoagland）营养液。

（8）病虫害防治。玫瑰茄生长过程中主要病害为白绢病和立枯病。白绢病采用 50％多菌灵可湿性粉剂 800～1 000 倍液灌根；立枯病采用 99％噁霉灵兑水 3 000 倍灌根，每株 200～400mL，每 7d 一次，连续 3 次。

（9）25～30d 后形成矮小、花多、果多的盆景（图 6 - 2a）。

二、玫瑰茄秋季扦插盆景制作技术

（1）培养土的准备。选择育苗基质，将噁霉灵与营养土以 1∶15 000 的比例进行拌土消毒，然后装入直径为 20cm、深 20cm 的圆形花盆中，浇足水，备用。

（2）采穗植株的选择。选择健康且进入花期的植株作为采穗植株。

（3）插穗的准备。选择采穗植株中上部的枝条，剪取枝条的中上部20～30cm半木质化枝条作为插穗，每个插穗保留2～3个芽和少许叶子。

（4）浸泡生根液。选取原液（生根剂C13）稀释250倍，将需要处理的插穗底部浸入生根液中1cm左右，浸泡25min。

（5）将浸泡生根液的插穗竖插入事先准备好的花盆中。

（6）在刚完成扦插的盆景上方覆盖30%遮光率的黑色遮阳网，10d后生根完成即揭去遮阳网。

（7）扦插后喷雾或浇水保湿，保证插穗10d左右生根发芽。开花结果期应及时补充水分至土壤相对持水量达70%～80%，同时适当追肥，每14d浇一次1倍的霍格兰氏（Hoagland）营养液。

（8）病虫害防治。玫瑰茄生长过程中主要病害为白绢病和立枯病。白绢病采用80%代森锰锌可湿性粉剂1 000～1 500倍液灌根；立枯病采用99%噁霉灵兑水3 000倍灌根，每株200～400mL，每7d一次，连续3次。

（9）扦插28～30d后形成矮小、花多、果多的盆景（图6-2b)。

a.春季扦插盆景　　　　　　　　b.秋季扦插盆景

图6-2　玫瑰茄扦插盆景

第三节　玫瑰茄嫁接盆景制作技术

玫瑰茄嫁接盆景即将玫瑰茄嫁接到抗病性强的一年或多年生的砧木上，增强玫瑰茄的抗病性，同时呈现玫瑰茄多花色、多果色、矮化、美观、错落有致，极具观赏价值的盆景。

a.砧木：木槿　　　　　b.砧木：悬铃花

图 6-3　玫瑰茄嫁接盆景

（1）培育嫁接砧木。可选择多年生木槿、悬铃花和一年生金钱吊芙蓉作为砧木，将砧木种子播种于花盆中，每盆播种 5～8 粒，以其幼苗作为嫁接砧木；木槿作为砧木时，播种前用 80℃ 热水浸种 5min。

（2）培育玫瑰茄接穗。砧木播种 7d 后，将玫瑰茄种子播种于已消毒的育苗土中进行育苗，以其幼苗作为接穗。

（3）拔除砧木弱小苗。当砧木幼苗长至 6～8 片真叶、接穗长至 4～6 片真叶时，拔除砧木花盆中的弱小苗，每盆留苗 1～2 株。

（4）嫁接。采用劈接法进行嫁接，将砧木上部切掉，留下部 2～4 片真叶，在茎的中间垂直切一条 0.5～0.8cm 的切口。将接穗下部切除，留 3～5cm 长的主茎、2～4 片真叶，并将每片真叶叶片剪除 2/3 以减少水分蒸发。将接穗下部削为楔形，插入砧木切口，以嫁接夹或者不干胶标签纸进行固定。

（5）嫁接后管理。将嫁接后的苗移入 50％～70％遮光率的塑料遮阳棚中，及时浇水。在嫁接后 3d 内注意防风，嫁接 7d 后将嫁接苗移出遮阳棚，注意及时浇水保持土壤湿润。在嫁接后 15～20d 将固定装置去除，进行常规水肥管理，现蕾 15～30d 后即可形成花果同株的盆景。

第七章
玫瑰茄主要病虫害及其防控技术

玫瑰茄整个生育期间，或多或少遭受病虫危害，影响植株正常生长，造成产量下降、品质降低，甚至导致植株死亡，造成经济损失。玫瑰茄病虫害防治坚持贯彻"预防为主、综合防治"的植保工作方针，以作物为中心，以主要病虫为对象，坚持农业措施、物理措施、生物措施、化学措施综合协调应用，有效控制病虫为害，维护农田良好生态环境，确保实现优质、高产、高效、安全的目标。

第一节　玫瑰茄主要病害及防控措施

玫瑰茄病害种类较多，其中发生面较广且为害较重的主要是茎腐病、立枯病、菌核病等病害。为了抓好玫瑰茄病害的科学防治，现将其病害发生特点及综合防治措施介绍如下。

一、玫瑰茄菌核病（白绢病）

玫瑰茄菌核病又称白绢病，属于真菌病害，主要为害植株茎基部。

（一）症状

该病主要为害玫瑰茄的茎。受害茎初生褐色斑点，后扩大并变成暗青色水渍状斑块，组织湿腐，进一步扩展成不规则大斑，其上长出白色绢丝状菌丝体，呈辐射状扩展，四周尤为明显，病健交界明显，后期病部菌丝上产生褐色白菜籽状菌核，湿度大时，菌丝体在地表向四周扩展，形成形状、大小不一的褐色至深褐色小菌核，根部变色、腐烂，叶片退绿发黄，后期向上侵染主茎，高温高湿天气茎基部可见到白色菌丝包绕，皮层与木质部发黑干腐，最后植株枝叶枯萎（图 7-1）。

（二）病原

病原菌为真菌，是子囊菌亚门核盘菌属的一种（*Sclerotinia* sp.）。

（三）发病规律

玫瑰茄菌核病发病时间因各地栽培种植时间不同而有所差异。广西一般在 7—10 月开始发病，菌核萌发最适温度为 25～35℃，超过 45℃高温有抑制或杀死菌核的作用，持续 2～3d

图 7-1　菌核病症状

的高温能控制菌丝生长。湿度大对菌丝生长有利，酸性环境有利菌核萌发。

（四）防治措施

实行轮作；发病初期拔除发病中心株；病株也可用 50％多菌灵或 70％甲基托布津 800～1 000 倍液浇施根部土壤。

二、玫瑰茄灰霉病

灰霉病是玫瑰茄种植过程中各时期均有发生的重要病害之一。

（一）症状

该病主要为害玫瑰茄茎、叶。叶片染病多从叶尖开始，沿支脉呈楔形发展，由外及里，初为水浸状，后期呈黄褐色，不规则，病健组织界限分明（图 7-2）。茎部染病，初见水渍状病斑，后变褐色至灰白色，病斑可向四周延伸，环绕茎一周后，其上端枝叶迅速枯死，病部表面密生灰色霉状物。干燥时茎部缢缩变细，叶片干枯，湿度大时易产生鼠灰色绒状霉层。染病植株生长明显受抑，梢叶、花、果腐烂，作物减产，品质下降，植株提前枯萎甚至死亡。

（二）病原

病原菌为真菌，是半知菌亚门葡萄孢属的一种（*Botryotinia* sp.）。

（三）发病规律

灰霉病属真菌病害，可侵染多种植物，病菌在土壤和病残体上越冬和越夏，主要靠气流、雨水、灌溉水等传播，多发生于雨季，组织衰弱处易发病，低温阴雨季节发病重，干旱季节极少发生。低温高湿条件下，晚种、晚熟、偏施氮肥、生长过密、通风透光条件差的地块发病重。如遇长期低温阴雨，或寒流大风天气，容易造成病害流行。玫瑰茄花期易感病，玫瑰茄晚熟品种在广西

图7-2　灰霉病叶部症状

10月下旬—11月正处于盛花期，如遭遇连续低温阴雨天气，田间湿度大，导致病害暴发。

（四）防治措施

发病初期用43%腐霉利悬浮剂、50%啶酰菌胺水分散粒剂或咯菌腈单剂或复配制剂进行防治；7～10d喷施1次，连续施用2～3次。

三、玫瑰茄茎腐病

玫瑰茄茎腐病是由几种病菌混合侵染引起的一种毁灭性病害。

（一）症状

该病害发生在玫瑰茄茎部。早期，在茎部出现黑色病斑，病斑向主茎上方、侧枝扩展；底层侧枝叶片发黄、枯萎，侧枝死亡；病害继续发展，直至整个茎部溃烂，叶片变黄，萎缩，植株死亡（图7-3）。

（二）病原

病原菌为镰刀菌（*Fusarium* sp.）和腐霉菌（*Pythium* sp.），单独或混合侵染均可致病。

图7-3　茎腐病茎部症状

（三）发病规律

茎腐病与降水量、空气湿度、植株生长时期和连作等因素密切相关，南方地区在 7—8 月降水多、雨量大、土壤湿度大等均是茎腐病发生的有利条件。玫瑰茄常年连作田地发病严重，而且玫瑰茄花期和果期植株抗性下降，有利于病害发生流行。

（四）防治措施

避免在低洼潮湿的地块种植玫瑰茄；提倡开沟作畦种植，在常年多雨环境、较潮湿的区域，应适当加宽株间距，雨季期间加强田间管理，以提高田地排水性能，改善田间干燥度；及时拔除病植株，降低田间侵染源；合理轮作。采取化学防治，初发病区域可用苯醚甲环唑、咪鲜胺进行预防和防治，每 7d 左右喷药 1 次。

四、玫瑰茄立枯病

立枯病是玫瑰茄的常见病害，由丝核菌引起的土传真菌病害。中国华南或西南玫瑰茄产区均有不同程度发生，病株率 10% 以上。

（一）症状

玫瑰茄整个生育期均可发生，以苗期为重。播种后如遇低温多雨天气，病情加重，可造成缺苗断垄，甚至毁耕重播。玫瑰茄萌发未出土前发病，可造成烂种。幼苗出土后，子叶发病多在中部呈棕褐色不规则病斑，病组织易脱落穿孔。发病幼苗茎基部腐烂呈黑褐色，病斑处缢缩，导致幼苗枯萎。久雨初晴时，田间成片倒伏死苗。成株期发病，茎基部病斑黑褐色，稍凹陷，严重时病斑绕茎一周且呈纵裂，露出纤维，有的植株病部痊愈后形成粗糙圆疤，其上生许多不定根（图 7-4）。

图 7-4　立枯病茎部症状

（二）病原

致病病原菌有 2 种，分别为立枯丝核菌和禾谷丝核菌，均属于真菌门半知菌亚门丝孢纲无孢目无孢科丝核菌属。立枯丝核菌（*Rhizoctonia solani* Kuhn.）又称多核丝核菌，其有性态为瓜亡革菌（*Thanatephorus cucumeris*），初期菌丝无色，分枝处多缢缩，近分枝处有隔膜。随菌龄增长，菌丝细胞渐变粗短并形成菌核。菌核形状各异，初为白色，后变为褐色，表面粗糙。禾谷丝核菌（*Rhizoctonia cerealis* Vander Hoeven）菌丝较细，为 $3\sim7\mu m$。菌核初色淡，后变灰、渐变深褐色，呈近球状、半球状、片状，不定形，结构均一，不分化为菌环和菌索，较大的菌核多数有萌发孔。

（三）发病规律

病菌主要以菌丝体和菌核在土壤中或植物病残组织上越冬。翌年以菌丝体直接侵入幼苗。在病部可产生菌丝进行再侵染。病菌在土壤中营腐生生活可达 $2\sim3$ 年。阴雨多湿、春季低温的年份发病重。黏性土壤、排水不良、地势低洼、多年连作的地块发病较重。

（四）防治措施

可通过提高栽培管理水平进行防治和药剂防治，与甘薯、禾谷类作物轮作 3 年以上，可大大减轻病害。施足底肥，适当晚播，减少幼苗出土时间，可有效减轻发病。播种前，用拌种双、退菌特或苯菌灵等杀菌剂拌种。玫瑰茄苗出土后遇阴雨天气或发病初期，可喷洒上述药剂进行防治。

五、玫瑰茄花叶病

玫瑰茄花叶病是与害虫发生密切相关的一种病毒性病害，近年来发生越来越严重。

（一）症状

幼苗期发病，植株严重矮化并畸形，叶片卷曲皱缩。成株发病，植株新叶出现皱缩、褪绿现象，以后逐渐形成斑驳花叶，并伴有泡斑，严重病株叶片畸形，部分为蕨叶形，植株生长减弱（图 7-5）。

（二）病原

致病病原一般认为是黄瓜花叶病毒（cucumber mosaic virus，CMV），可由刺吸式口器昆虫传播，田间分布广。该病毒不侵染豆科与禾本科的部分植物，但能侵染茄科、黎科、葫芦科、菊科、苋科、十字花科和番杏科的 19 种植物，寄主范围亦较广。

图7-5　花叶病症状

（三）发病规律

花叶病的发生与传毒害虫的发生关系密切，蚜虫、红蜘蛛、粉虱均能进行传毒。植株间汁液接触及田间农事操作也是该病害的重要传播途径。

（四）防治措施

玫瑰茄花叶病的防控首先要注意传毒害虫的防治，及时防治蚜虫、红蜘蛛、粉虱等害虫；其次，加强栽培管理，合理施肥，收获后清除病残株，注意田间操作时手和工具的消毒；病害发生时，可用新型病毒病诱抗剂葡聚烯糖或氨基寡糖素来提高植株自身抗性。

六、玫瑰茄根腐病

玫瑰茄根腐病在华南产区多有发生，玫瑰茄开花期和结果期为该病害的主要发病时期。

（一）症状

玫瑰茄根系变褐腐烂，凋萎死亡。成株主根和侧根病斑褐色，多数须根腐烂，严重时可致全根腐烂，使玫瑰茄枯死（图7-6）。

（二）病原

致病病原菌为镰刀菌（*Fusarium* sp.），属半知菌亚门丝孢纲丝孢目瘤座孢科镰刀菌属。

（三）发病规律

根腐病是一种土传病害，可通过泥土、流水、工具等传播。病原菌主要以菌丝体在种子、病残株或土壤内越冬，引起第二年初次侵染。此菌腐生性很强，能在土壤或残株上存活多年，种子也能传病。带病菌的水土、病残株使病

图 7-6　根腐病症状

区不断扩大；病区植株交换是远距离传播的主要媒介；病区的病土通过汽车轮胎也能使病菌远距离传播。

（四）防治措施

化学防治可用烯酰吗啉、多菌灵或退菌特进行喷雾防治，同时用苯醚甲环唑药液灌防。

第二节　玫瑰茄主要虫害及防控措施

玫瑰茄害虫种类较多，苗期常有蛴螬（金龟子幼虫）、地老虎（土蚕）、蝼蛄（土狗）等为害，造成缺株断行；成株期常见粉虱、造桥虫、红蜘蛛、蚜虫、叶蝉、盲蝽等发生为害，其中以粉虱、尺蠖、红蜘蛛为主。

一、尺蠖

尺蠖，鳞翅目尺蛾科，别名造桥虫、棉夜蛾、拱拱虫、量尺虫等。分布在全国各玫瑰茄产区，是玫瑰茄生产的主要害虫之一。

（一）形态特征

1. 成虫

雄蛾体长 10~13mm，头、胸部橘黄色，腹部背面灰黄至黄褐色，触角双栉状，黄褐色，前翅黄褐色，外缘中部向外突出呈角状，翅内半部淡黄色、密布红褐色小点，外半部暗黄色；后翅淡灰黄色，翅基部色较浅。雌蛾体长 10~13mm，头、胸部橘黄色，腹部背面灰黄至黄褐色，触角丝状，前翅淡黄褐色，外缘中部向外突出呈角状，翅内半部淡黄色、密布红褐色小点，后翅黄白色。

2. 卵

扁圆形，长约 0.63mm，高约 0.39mm，青绿至褐绿色，顶部隆起，底部较平，卵壳顶部花冠明显，外壳由纵横脊围成不规则形方块，孵化前为紫褐色。

3. 幼虫

老熟幼虫体长约 35mm，宽约 3mm，头淡黄色，体黄绿色，第一对腹足退化，第二对腹足短小（图 7-7）。末龄幼虫体黄绿色，背线、亚背线、气门上线灰褐色，中间有不连续白斑，以气门上线较明显，爬行时虫体中部拱起。

图 7-7 尺蠖

4. 蛹

红褐色，头中部有一乳头状突起，臀刺 3 对，两侧的臀刺末端呈钩状，后胸背面、腹部 1~8 节背面满布细小刻点，腹部末端较宽。

（二）发生为害规律

该虫初孵幼虫取食叶肉，留下筛孔状表皮，大龄幼虫可把叶片咬成许多缺刻或空洞，严重时常将叶片吃光，仅剩叶脉。该虫在田间枯枝落叶上越冬。华南地区一年发生 5~6 代，在 7—8 月为害，南方以蛹越冬（王迪轩和周国峰，2012）。天敌有绒茧蜂、胡蜂、瓢虫、蜘蛛等。寄主植株长势旺盛、枝叶茂密、杂草较多的田块发生为害重。

（三）防控措施

（1）农业防治。清除田间枯枝落叶，周围不种其他越冬寄主；破坏其越冬场所，减少虫口基数。在整枝打杈和摘除下部老叶时，将摘除的老叶和枝杈带出田外销毁，以防止被摘除的幼虫继续在田间为害。虫害发生严重的田块，应清除枯枝、枯叶，集中烧毁，以杀灭越冬蛹。

（2）物理防治。虫害发生季节，可以采用物理方法诱杀成虫。其一，采用黑光灯、频振式杀虫灯或高压汞灯诱杀成虫。其二，将柳树、刺槐、紫穗槐和洋槐等带叶树枝 8～10 根捆在一起，松紧适当，倒插立在田间，使枝把稍高于植株，每亩 10～15 把；每天早晨用塑料袋套住枝把拍打，使蛾子进入袋内进行捕杀；若树枝干枯，应及时更换。

（3）药剂防治。可选用 100 亿活芽孢/克苏云金杆菌可湿性粉剂 500～1 000 倍液、40％辛硫磷乳油 1 000 倍液、20％甲氰菊酯乳油 1 500 倍液、2.5％溴氰菊酯乳 1 500～2 000 倍液、2.5％三氟氯氰菊酯乳油每亩 25～30mL 等均匀喷雾防治。

二、介壳虫

介壳虫是玫瑰茄生产的主要害虫之一，种类多、繁殖快，遍布于全国各玫瑰茄产区，尤以吹绵蚧、红蜡蚧、糠片蚧、黑点蚧、褐圆蚧、矢尖蚧、堆蜡粉蚧、龟蜡蚧、红帽蜡蚧为害最严重。介壳虫以若虫和雌成虫群集在叶片、果实和枝条上吸食汁液，一旦固定便不再移动，终生在一处取食；能分泌蜡质物覆盖虫体，形成各种介壳，随着虫龄增大，介壳增厚，药物一般难以直接接触到虫体。虫害发生后，枝梢枯萎，甚至全株枯死，可诱发煤烟病，影响开花结果，降低鲜果、花萼品质和产量。

（一）形态特征

介壳虫是一类小型昆虫，大多数虫体上被有蜡质分泌物。雌雄异体，雄虫虫体微小，有 1 对柔翅、1 对膜质前翅，后翅特化为平衡棒，足和触角发达，无口器。若虫和雌成虫体微小，无翅，大多无足、触角和眼。植株上常见到的是介壳，虫体在介壳下，介壳小的仅 0.5mm，较大的也仅 5～10mm；形态有近圆形、椭圆形等多种；介壳有红色蜡质，呈棉花状、糠粉状、绒状等（图 7-8）。卵通常埋在蜡丝块中、雌体下或雌虫分泌的介壳下。

（二）发生为害规律

玫瑰茄介壳虫一般喜欢生活在阴湿、空气不流通或阳光不能直射的地方，故寄生在叶片背面、果实近蒂部果萼相接处或果面凹陷处。玫瑰茄介壳虫虽有许多种，发生世代各不同，但仍有一些相似的规律性。如年发生 1 代的红蜡蚧，其若虫的孵化期是 5 月中旬—7 月上旬；年发生 2 代的吹绵蚧，其 1 代若

图 7-8　介壳虫

虫的孵化期为 5 月上旬—6 月下旬；年发生 3 代的长白蚧，其 1 代若虫孵化期为 5 月上旬—5 月下旬；年发生 4 代的褐圆蚧、黄圆蚧，其 1 代若虫孵化期为 5 月上旬—5 月中旬。因此，不论其年发生世代多少，若虫孵化期有早有迟，但每年的 5 月中旬至 6 月中旬是大多数蚧类的若虫期，也是最佳防治的时期。介壳虫虫体小、龄期短，爬行范围极为有限，一般借助风力、流水及动物传播，人为活动如果品、苗木运输等经营活动，也是介壳虫传播蔓延的途径。

（三）防控措施

玫瑰茄介壳虫因虫体常有蜡质包被，单纯的化学农药防治效果不太理想，且会导致介壳虫抗药性增强、天敌数量减少，污染玫瑰茄花萼和环境。因此，宜采用综合防控措施。

（1）农业防治。冬季清除虫卵，减少虫源。清除玫瑰茄种植田块及田块周围的杂草、枯枝和落叶，并集中烧毁，以减少翌年介壳虫的发生。

（2）生物防治。保护利用和引放天敌。

（3）化学防治。防治介壳虫的关键是在 1 龄若虫活动时施药。一般刚孵化的若虫并不会马上分泌蜡粉，等天气晴朗暖和时才陆续以团体从介壳中爬出，要过几天其体外才会陆续上蜡，因此，在若虫分散转移期分泌蜡粉前施药防治效果最佳，可选用 25% 喹硫磷乳油 1 000～1 500 倍液等，每 15d 左右喷药 1 次，连续 2～3 次。防治 1～2 龄幼蚧可用 40% 杀扑磷乳油、50% 马拉硫磷乳油 800 倍液；各药剂可混加 95% 机油乳剂 300 倍液防效更佳；孵化盛期喷 70% 吡虫啉粒剂 2 500 倍液。

三、叶蝉

叶蝉俗名浮尘子，主要有大青叶蝉、黑尾叶蝉等 10 多种。主要以成虫、若虫刺吸植株汁液，造成叶片枯卷、褪色，甚至叶片枯死（谷山林等，2020）。除此之外，该类虫还是病毒病的主要传播媒介。

（一）形态特征

1. 成虫

体长约0.8cm。头部黄色，头顶有2块黑斑，呈多边形；前胸前缘为黄绿色，剩余部分为绿色；前翅浅绿色，尖端有部分透明；后翅和腹背面呈黑色；腹面黄色（图7-9）。

2. 卵

乳白色，长卵形，长约1.5mm，中间微弯曲。

3. 若虫

1~2龄若虫：体色呈灰白，略带黄绿色，2龄若虫较1龄若虫，体色稍深；在头冠部，1、2龄若虫都有2块黑色斑纹。3龄若虫：体色为绿黄色，除了头冠部具2块黑斑，在胸腹部背面有4条暗褐色条纹，而在胸部侧缘的2条暗褐色条纹，没有连贯腹背，只分布于翅芽部分。4龄若虫：体色没有变化；有发达的翅芽，中胸的翅芽已超过中胸节基部，在腹末节腹面有生殖节片出现。5龄若虫：中胸的翅芽往后伸展，与后胸翅芽几乎等齐，越过腹部第2节；有2节跗节；在腹末节的腹面，有2片生殖节片。

图7-9 叶蝉

（二）发生为害规律

每年发生十数代不等，世代重叠严重，可以卵、成虫在植物皮缝、杂草及土缝中越冬。翌年气温回升后，开始活动，适宜气温为25℃左右。气温高、天气阴湿时，容易发生为害，但大雨则可冲刷消灭大量虫口。因此，温度上升时，要注意叶蝉的发生，预防成灾。因为世代重叠，所以叶蝉高峰期主要与天气有关。叶蝉可以迁飞，作为传播媒介传播病毒，因此，叶蝉防治也是防治病毒病的前提（谷山林等，2020）。

（三）防治措施

1. 农业防治

（1）消灭寄主。冬季清除杂草、落叶并集中烧毁，同时翻地消灭越冬虫。

（2）加强田间管理。玫瑰茄旺长期及时整枝、锄草，保持田间良好的通风条件。

2. 物理防治

（1）灯光诱杀。叶蝉成虫趋光性很强，可用黑光灯对成虫进行诱杀。

（2）网捕。利用早晨温度低、湿度大、叶蝉不活跃，于露水未干之前，采用捕虫网进行网捕。

3. 化学防治

5月、9月叶蝉成虫产卵前，对植株及其周围杂草采用4 500倍菊酯类乳油喷雾防治。秋季深翻土地后，对植株周围集中有大量成虫的杂草施药，省时省钱，防治效果好。

四、红蜘蛛

红蜘蛛又名全爪螨，是为害玫瑰茄的主要害螨之一。以成螨、幼螨、若螨群集叶片、嫩梢上吸汁为害，造成枯枝、落叶，被害叶面密生灰白色针头大小点，甚者全叶灰白、失去光泽，严重时幼果脱落，严重影响植株长势和产量。

（一）形态特征

红蜘蛛雌成螨近椭圆形，紫红色；雄成螨鲜红色，与雌成螨相比，体略小，腹部末端部分较尖，足较长。卵扁球形，直径约为0.13mm，鲜红色，有光泽，后渐褪色。幼螨体长0.2mm，色较淡，有足3对。若螨与成螨极相似，但身体较小，均有4对足。

（二）发生规律

红蜘蛛以卵或成螨在多年生树木上越冬，每年7—8月天气干旱时开始为害玫瑰茄。红蜘蛛发生代数多，年发生代数主要受气温的影响，通常年均温在15～17℃时，1年发生12～15代；年均温在18℃左右时，1年发生16～17代；年均温在20℃左右时，1年可发生20代左右。影响红蜘蛛种群密度的主要因素有温度、湿度、食料、天敌和人为因素等。一般气温12～26℃有利于红蜘蛛的发生，20℃左右最适；气温高于35℃或低于12℃时红蜘蛛急剧减少；受温度的影响，红蜘蛛的发生有2个高峰期，常年一般出现在4—6月和9—

11 月。最适相对湿度在 70％左右，多雨不利于红蜘蛛的发生。食料则以玫瑰茄的幼嫩组织为好。

（三）防控措施

（1）农业防治。冬季清除杂草、落叶并集中烧毁；加强管理，南方 7—8 月若持续干旱，要及时灌溉。

（2）生物防治。红蜘蛛天敌主要有食螨瓢虫、蓟马、草蛉、寄生菌等 10 多种，可在玫瑰茄田块四周种植紫苏等利于其天敌栖居的植物。

（3）化学防治。根据防治关键期，及时防治。秋季防治药剂，如 10％吡虫啉可湿性粉剂 3 000～4 000 倍、3％啶虫脒乳油 2 000 倍液、50％氟啶虫胺腈水分散粒剂 8 000～10 000 倍液，可交替轮换使用。

五、卷叶蛾

卷叶蛾成虫称为卷叶虫。幼虫为害植株的叶片和果实，有的把叶片卷成筒状，在里面吐丝做茧，形成虫苞或叶袋，影响植株生长，造成巨大损失（樊昌密和徐广益，2007）。

（一）形态特征

1. 成虫

体长 7mm 左右，翅展 18mm 左右，黄色，眼黑色，触角丝状，腹部淡黄色，背部黄褐色，前翅长方形，前缘弧形拱起，外缘较直，端纹褐色、呈 V 形，中带前半部较狭窄，中部较细，下半部较前半部宽，翅面带有褐色横纹。

2. 卵

扁平椭圆形，径长 0.7mm 左右，数十粒排列为鱼鳞状卵片，卵片长约 0.6cm、宽 0.4cm，初次产卵是黄色，孵化期是黑色。

3. 幼虫

体长约 15mm，初孵幼虫淡绿色，老熟幼虫翠绿色，头上黄色，胸足黄色（图 7 - 10）。

4. 蛹

体长约 11mm，细长，黄色，尾部有 8 根钩状臂刺，向腹面弯曲。2～7 腹节背面均有 2 横列刺，前列刺粗，后列小，均达到气门。

（二）发生为害规律

卷叶虫寄主范围很广，可在多种作物交叉或同时发生。在南方，2 龄幼虫可在常绿树木等寄主的树皮细缝、翘皮、洞孔等缝隙处结白茧越冬。翌年 3 月

图 7-10　卷叶蛾

15 日前后越冬幼虫开始出蛰，温度环境适宜，扩散发生；5 月至 6 月前后为初代幼虫发生为害期。约 15d 左右一个生长周期，7—9 月玫瑰茄旺长期为害最重。

（三）防控措施

（1）农业防治。清除残枝落叶、杂草、病虫僵果，摘虫苞，收集烧毁，压低虫口越冬基数。夏秋季发现叶袋，要及时剪除其中的幼虫。

（2）物理防治。放置性信息素诱导剂进行虫情测报，采用黑光灯诱杀成虫。

（3）农药防治。幼虫出蛰率达 30% 且尚未形成卷叶时，是施药防治最佳期。可选用苏云金杆菌（Bt）乳剂 300 倍液、灭多威 3 000 倍液、灭扫利 2 000 倍液喷雾。喷药最佳时间应为成虫羽化期和幼虫孵化期，可选用杀虫剂 25% 灭幼脲 3 号 1 600 倍液（或 2.5% 功夫水剂 2 000 倍液、90% 灭多威 2 500 倍液、1.8% 虫螨光 4 500～5 500 倍液）（贺朋会，2006）。

第八章

玫瑰茄收获与保鲜

第一节　花萼最佳收获时间

玫瑰茄花萼为肉质花萼，由萼片和副萼组成，分为玫红、紫红、白色、绿色四种颜色，最佳采收期为开花后第 21~28d。

广西壮族自治区农业科学院经济作物研究所以玫瑰茄品种 M3 和 M5 作为试验材料，开展了关于玫瑰茄最佳花萼采收时间的研究（侯文焕等，2020），结果显示，M3 和 M5 均在开花后第 21d 鲜果重最高，分别为 12.82g 和 6.97g；第 28d 干花萼重最高，分别为 0.98g 和 0.47g；M3 和 M5 的鲜花萼分别在开花后第 21d 和第 28d 最高，分别为 7.75g 和 3.90g；因此，若以采收玫瑰茄花萼为目的，适宜采收期为开花后第 21~28d（表 8-1）。

表 8-1　采收时间对玫瑰茄单果鲜果重、鲜花萼重及干花萼重的影响

单位：g

开花后天数	M3			M5		
	鲜果重	鲜花萼重	干花萼重	鲜果重	鲜花萼重	干花萼重
第 7d	5.86c	2.64c	0.26d	4.33e	1.92c	0.20c
第 14d	10.70b	6.17b	0.61c	4.44e	2.35b	0.23c
第 21d	12.82a	7.75a	0.85b	6.97a	3.78a	0.41b
第 28d	12.47a	7.37a	0.98a	6.10b	3.90a	0.47a
第 35d	10.84b	7.26a	0.92ab	5.60c	3.88a	0.46a
第 42d	10.77b	7.26a	0.90ab	5.31cd	3.80a	0.40b
第 49d	10.47b	7.25a	0.88ab	5.15d	3.60a	0.37b
第 56d	10.45b	7.25a	0.85b	5.13d	3.59a	0.37b

注：同列数据后不同小写字母表示差异显著（$p < 0.05$）。

在不同的采收时间，M3 的原花青素含量均高于 M5，2 份玫瑰茄种质的原花青素含量均随采收时间的推迟呈先增加后降低的变化规律。M3 和 M5 的花萼原花青素含量分别在开花后第 35d 和第 21d 最高，分别为 2 180.00mg/kg 和 573.50mg/kg（图 8-1）；因此，以提取原花青素为目的采收时，M3 适宜在开花后第 35d 采收，M5 适宜在开花后第 21d 采收。

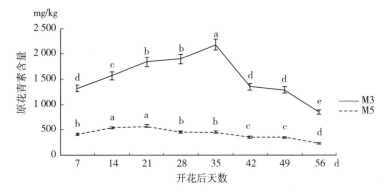

图 8-1　采收时间对玫瑰茄原花青素含量的影响

注：不同小写字母表示不同采收时间差异显著（$p < 0.05$）。

玫瑰茄品种 M3 和 M5 的单宁含量存在差异，随着采收时间的推迟，单宁含量的变化也存在差异。在不同的采收时间，M3 的单宁含量均高于 M5，2 份玫瑰茄种质的单宁含量随着采收时间的推迟均呈先增加后降低的变化规律。M3 和 M5 的单宁含量分别在开花后第 28 或第 35d 和第 42d 最高，分别为 2.30g/kg 和 1.38g/kg（图 8-2）；因此，以提取单宁为目的时，可在鲜花萼采收期的基础上适当延长 7d，以利于单宁的积累，以开花后第 28～35d 收获为宜。

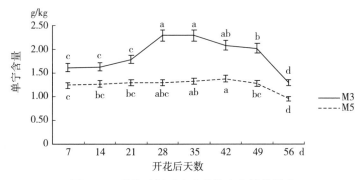

图 8-2　采收时间对玫瑰茄单宁含量的影响

注：不同小写字母表示不同采收时间差异显著（$p < 0.05$）。

第二节 种子最佳收获时间

玫瑰茄开花并完成授粉过程后，子房迅速发育膨大，经 30～35d，蒴果变为黄褐色或褐色，种子变为黄褐色或黑褐色，即为种子成熟期。

以玫瑰茄 M3、M5 和玫瑰茄-2 为试验材料，广西壮族自治区农业科学院经济作物研究所开展了不同采收时间对玫瑰茄种子质量的影响（侯文焕等，2019）。综合分析玫瑰茄的种皮色、水分含量、百粒重和种子大小等基本参数及发芽指数、发芽势和发芽率等萌发指标，结果显示，开花后 28～35d，玫瑰茄种子的种皮色完全转为黑褐色时为最佳种子成熟期，亦即最佳种子采收期。

1. 不同采收时间对玫瑰茄种子种皮色的影响

玫瑰茄种子种皮色随着采收时间的早晚呈现由浅到深的变化。观察发现，M3、M5 和玫瑰茄-2 种子的种皮色在开花后第 7d 为乳白色；第 14d 为浅绿色；第 21d 为灰黄色，其中 M5 出现部分浅黑色；第 28～56d 均为黑褐色，而在第 42～56d 均出现发霉变质现象（图 8-3），其中 M3 的发霉率为 10.0％～50.0％，M5 的发霉率为 8.0％～23.0％，玫瑰茄-2 的发霉率为 13.3％～50.0％。因此，开花后 28～35d 及时采收，能保障种子的质量。

图 8-3 不同采收时间玫瑰茄种子颜色

2. 不同采收时间对玫瑰茄种子水分含量的影响

玫瑰茄品种 M3、M5 和玫瑰茄-2 种子的含水量随着采收时间的推迟均呈现下降趋势，其中，在开花后 7～35d 急速下降，M3 种子的水分含量从 89.16％下降到 38.14％，M5 种子的水分含量从 87.31％下降到 31.15％，玫瑰茄-2 种子的水分含量从 89.66％下降到 39.11％；在开花后 35～56d 缓慢下降并趋于稳定；3 份种质种子的水分含量均在开花后 56d 降至最低，分别为 29.35％、28.95％和 30.38％。M3、M5 和玫瑰茄-2 在开花后第 7d 种子的水分含量显著高于其他采收时间（$p < 0.05$），其中 M5 在开花后 35～56d 种子的水分含量差异不显著（$p > 0.05$）（图 8-4）。因此，开花 35d 后更有利于种子的采收。

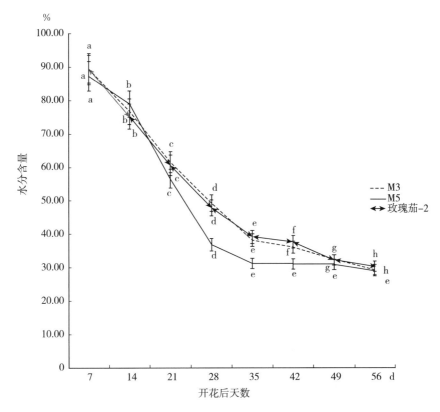

图 8-4　不同采收时间玫瑰茄种子水分含量的变化情况

注：同一折线不同测定时间点上不同小写字母表示差异显著（$p<0.05$）。

3. 不同采收时间对玫瑰茄种子百粒重的影响

随着采收时间的变化，玫瑰茄品种 M3、M5 和玫瑰茄-2 的百粒重均呈先增加后减少的变化规律，开花后 7～28d 各种质种子的百粒重均显著增加（$p<0.05$），开花后 28～56d 各种质种子的百粒重差异不显著（$p>0.05$）。M3 和玫瑰茄-2 种子的百粒重在不同采收时间均高于 M5，M3 种子的百粒重在开花后第 35d 达最大，为 4.44g，显著大于开花后 7～21d 的百粒重；M5 种子的百粒重在开花后 35～42d 达最大，为 3.14g，显著大于开花后 7～21d 的百粒重；玫瑰茄-2 种子的百粒重在开花后第 49d 达最大，为 4.18g，显著大于开花后 7～21d 的百粒重（图 8-5）。因此，开花后 28～42d 采收，有利于提高玫瑰茄种子的百粒重。

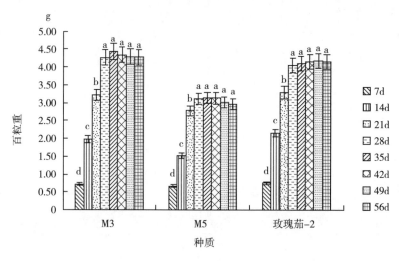

图 8-5　不同采收时间对玫瑰茄种子百粒重的影响

注：同一种质图柱上不同小写字母表示差异显著（$p < 0.05$）。

4. 不同采收时间对玫瑰茄种子大小的影响

随着采收时间的推迟，玫瑰茄品种 M3、M5 和玫瑰茄-2 种子的长度和宽度总体上均呈先增加后减少的变化趋势，其中 M3 种子的长度和宽度在开花后第 42d 达最大，分别为 5.72mm 和 5.00mm，其余 2 份种质种子的长度和宽度在开花后第 21d 达最大，分别为 5.07mm 和 4.27mm 及 5.71mm 和 4.75mm；随采收时间的推迟，M3 和玫瑰茄-2 种子的厚度总体上也呈先增加后减少的变化趋势，分别在开花后第 28d 和第 35d 达最大值，而 M5 种子的厚度呈不断增加的变化趋势。开花后 14~56d 采收种子的长度、宽度和厚度均显著大于开花后 7d，而开花后 28~56d 采收种子的长度、宽度和厚度差异不显著（表 8-2），说明采收时间对玫瑰茄种子的大小的影响存在差异，以开花后 21~35d 采收种子的大小较佳。

表 8-2　不同采收时间对玫瑰茄种子大小的影响

单位：mm

采收时间	M3			M5			玫瑰茄-2		
	长度	宽度	厚度	长度	宽度	厚度	长度	宽度	厚度
第 7d	3.72c	3.47b	1.49c	3.69d	3.00b	1.46c	3.54c	2.99d	1.56d
第 14d	5.50ab	4.76a	2.15b	4.26c	4.04a	2.29b	5.46ab	4.42c	2.13c
第 21d	5.61ab	4.79a	2.39b	5.07a	4.27a	2.37ab	5.71a	4.75a	2.47b

（续）

采收时间	M3			M5			玫瑰茄-2		
	长度	宽度	厚度	长度	宽度	厚度	长度	宽度	厚度
第28d	5.61ab	4.78a	2.58a	4.97ab	4.14a	2.39ab	5.42ab	4.62ab	2.63ab
第35d	5.66ab	4.88a	2.53ab	4.88ab	4.14a	2.44ab	5.42ab	4.61ab	2.68a
第42d	5.72a	5.00a	2.49ab	4.89ab	4.09a	2.45ab	5.42ab	4.61ab	2.63ab
第49d	5.61ab	4.70a	2.49ab	4.81b	4.06a	2.46ab	5.33b	4.61ab	2.61ab
第56d	5.60ab	4.64a	2.48ab	4.80b	4.04a	2.49a	5.33b	4.54b	2.52ab

注：同列数据后不同小写字母表示差异显著（$p<0.05$）。

5. 不同采收时间对玫瑰茄种子萌发特性的影响

玫瑰茄品种 M3、M5 和玫瑰茄-2 种子的发芽指数、发芽势和发芽率均随着采收时间的推迟呈先增加后减少的变化趋势。其中，开花后 7～21d 采收的各种质种子发芽指数、发芽势和发芽率均为 0；开花后第 35d 采收的 M3 种子发芽指数、发芽势和发芽率均最高，分别为 74.61、86.67% 和 86.67%，显著高于其他采收时间的种子；开花后 42～56d 采收的 M3 种子发芽指数、发芽势和发芽率缓慢下降，但相互间差异不显著。M5 种子发芽指数、发芽势和发芽率均在开花后第 28d 达最高，分别为 89.67、98.33% 和 98.33%，其中发芽指数显著高于其他采收时间的种子，发芽势和发芽率与开花后第 35d 采收的种子差异不显著，但显著高于其他采收时间的种子。在开花后第 28d 采收的玫瑰茄-2 种子发芽指数最高，为 64.42，与开花后第 35d 采收的种子差异不显著，但显著高于其他采收时间的种子；在开花后第 35d 采收的种子发芽势和发芽率均最高，分别为 79.00% 和 80.00%，与开花后第 28d 采收的种子差异不显著，但显著高于其他采收时间的种子（表 8-3），说明采收时间对玫瑰茄种子的发芽指数、发芽势和发芽率均有明显影响，其中以开花后 28～35d 采收种子的萌发特性较佳。

表 8-3 不同采收时间对玫瑰茄种子萌发特性的影响

采收时间	M3			M5			玫瑰茄-2		
	发芽指数（%）	发芽势（%）	发芽率（%）	发芽指数（%）	发芽势（%）	发芽率（%）	发芽指数（%）	发芽势（%）	发芽率（%）
第7d	0d	0d	0d	0e	0e	0e	0d	0d	0d

（续）

采收时间	M3			M5			玫瑰茄-2		
	发芽指数（%）	发芽势（%）	发芽率（%）	发芽指数（%）	发芽势（%）	发芽率（%）	发芽指数（%）	发芽势（%）	发芽率（%）
第 14d	0d	0d	0d	0e	0e	0e	0d	0d	0d
第 21d	0d	0d	0d	0e	0e	0e	0d	0d	0d
第 28d	39.57b	51.33b	57.67b	89.67a	98.33a	98.33a	64.42a	74.33a	79.00a
第 35d	74.61a	86.67a	86.67a	75.84b	89.00a	90.00a	61.00a	79.00a	80.00a
第 42d	17.64c	26.00c	28.33c	55.08c	75.00b	77.00b	38.68b	51.00b	51.33b
第 49d	16.44c	26.00c	26.00c	26.25d	47.67c	51.33c	27.17c	41.00b	41.67b
第 56d	12.75c	23.00c	23.00c	24.52d	33.50d	36.00d	16.17c	23.00c	23.00c

注：同列数据后不同小写字母表示差异显著（$p < 0.05$）。

第三节　不同温度对玫瑰茄采后贮藏特性的影响

一、不同贮藏温度对玫瑰茄腐烂率的影响

因萼片肉质多汁的特性，玫瑰茄鲜果在贮藏、运输过程中极易失水萎蔫，继而出现霉变腐烂现象，直到完全失去商品价值。因此，贮运保鲜技术已成为制约玫瑰茄产业发展的"卡脖子"难题。低温是果蔬保鲜常用的技术方法，有利于降低水分损失、延长保鲜时间、抑制呼吸作用、降低褐变程度、有效保持采后品质。

广西壮族自治区农业科学院经济作物研究所以玫瑰茄品种桂玫瑰茄 1 号为试验材料，于盛花期（10 月 1 日）清晨对同一天盛开的花进行标记，开花后35d 采收鲜果。挑选大小一致、无机械损伤、无褐斑且无病虫害的新鲜玫瑰茄作为试验材料。用 0.055mm 聚乙烯（PE）保鲜袋进行密封包装，每袋装 50个果实，分别置于 -3、4、8、25℃（室温），每个处理设 3 次重复实验。每4d 取样一次，贮藏 0、4、8、12、16、20、24、28d 观察并测定红玫瑰茄各指标。

由表 8-4 可以看出，玫瑰茄鲜果的腐烂率随贮藏时间的延长和温度的增加呈现上升的趋势，不同贮藏温度的增加程度存在差异，室温贮藏下腐烂率增幅较大。室温（25℃）贮藏条件下，玫瑰茄的腐烂率显著高于其他温度（$p <$

0.05），室温贮藏的玫瑰茄从贮藏第 4d 开始出现腐烂，第 8d 腐烂率达 79.48%，第 12d 腐烂率达 100%，完全失去商品价值；8℃贮藏条件下的玫瑰茄鲜果在贮藏第 16d 开始出现腐烂，但腐烂率显著低于 25℃，第 24d 鲜果全部腐烂，腐烂率达 100%；4℃贮藏条件下，玫瑰茄在第 24d 开始出现腐烂，腐烂率仅为 2.58%，第 28d 腐烂率为 5.12%；−3℃贮藏条件下的玫瑰茄鲜果在贮藏期间均未出现腐烂现象，腐烂率为 0.00%，但放置于室温解冻后鲜果花萼变软，不能维持原有状态，整体外观品质下降。由此可知，4℃的贮藏条件可有效地延缓玫瑰茄的腐烂速率，延长贮藏时间。

表 8-4　不同贮藏温度对玫瑰茄鲜果腐烂率的影响

贮藏时间	−3℃	4℃	8℃	25℃
第 4d	0.00b	0.00b	0.00b	3.85a
第 8d	0.00b	0.00b	0.00b	79.48a
第 12d	0.00b	0.00b	0.00b	100.00a
第 16d	0.00c	0.00c	2.58b	100.00a
第 20d	0.00b	0.00b	6.41a	—
第 24d	0.00c	2.58b	100.00a	—
第 28d	0.00b	5.12a	—	—

注：同行不同小写字母表示同一贮藏时间不同温度之间差异显著（$p < 0.05$）。

二、不同贮藏温度对玫瑰茄失重率的影响

由图 8-6 可知，在贮藏期间，随贮藏温度的升高和贮藏时间的延长，玫瑰茄鲜果的失重率均呈上升趋势。在相同的贮藏时间内，失重率依次为 25℃＞8℃＞4℃＞−3℃，25℃贮藏条件下的玫瑰茄失重率显著高于其他贮藏温度，在贮藏第 12d 失重率最高，达 4.75%。8℃贮藏条件下的玫瑰茄失重率在贮藏4～12d 时与 4℃贮藏条件下的玫瑰茄失重率差异不显著（$p > 0.05$），在 16～24d 时显著高于 4℃和−3℃贮藏条件下的玫瑰茄失重率，最高达 3.37%；4℃贮藏条件下的玫瑰茄在贮藏 4～12d 和 24～28d 时与−3℃贮藏条件下的玫瑰茄失重率差异不显著，但在贮藏 16～20d 时 4℃贮藏条件下的玫瑰茄失重率显著高于−3℃贮藏条件下的玫瑰茄失重率，在贮藏第 28d 失重率达 1.40%。−3℃贮藏条件下的玫瑰茄在贮藏期间失重率均低于其他温度，在贮藏第 28d 失重率仅为 1.35%。由此可见，低温贮藏可以有效降低玫瑰茄的失重率。

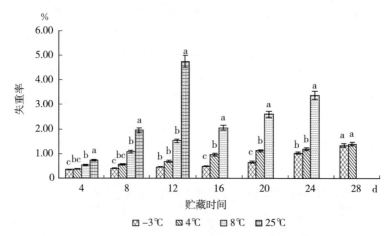

图 8-6　不同贮藏温度对玫瑰茄失重率的影响

注：不同小写字母表示同一温度不同贮藏时间存在显著性差异（$p<0.05$）。

三、贮藏温度对玫瑰茄原花青素含量的影响

由图 8-7 可知，随着贮藏时间变化，玫瑰茄原花青素含量呈现波动性变化，但总体呈现下降的趋势。在贮藏期间，4℃贮藏条件下的玫瑰茄原花青素含量均高于其他贮藏温度，且原花青素含量依次为 4℃＞-3℃＞8℃＞25℃。25℃贮藏 4d 时玫瑰茄原花青素含量与贮藏前差异不显著，但在 8d 时显著低于

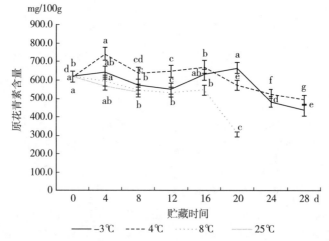

图 8-7　不同贮藏温度对玫瑰茄原花青素含量的影响

注：不同小写字母表示同一温度不同贮藏时间存在显著性差异（$p<0.05$）。

贮藏前；8℃贮藏条件下的玫瑰茄原花青素含量仅在贮藏 4d 时与贮藏前差异不显著，在贮藏 8～20d 时原花青素含量显著下降，在贮藏第 20d 原花青素含量仅 306.6mg/100g，较贮藏前下降幅度达 50.51%；4℃贮藏条件下的玫瑰茄在贮藏 4～16d 时原花青素含量均高于贮藏前，且在贮藏 4、12、16d 时显著高于贮藏前，而 20～28d 时的含量显著低于贮藏前，第 28d 原花青素含量下降为494.5mg/100g，降幅达 20.18%；－3℃贮藏条件下，玫瑰茄的原花青素含量随贮藏时间的变化呈现波动降低的变化趋势，在贮藏 8～12d 和 24～28d 时原花青素含量显著低于贮藏前，第 28d 原花青素含量下降幅度达 29.70%。综上，低温能够减缓原花青素含量的下降，4℃为玫瑰茄最适的贮藏温度。

第九章

玫瑰茄营养价值及保健作用

玫瑰茄全身都是宝，特别是花萼的商品价值尤为突出。玫瑰茄具有丰富的营养价值、药用价值和保健功能，对人体健康具有良好的作用。

第一节　玫瑰茄的营养价值

玫瑰茄含有丰富的蛋白质、有机酸、维生素、氨基酸及大量的天然色素和多种矿物质。植株的各个器官部位均富含多种营养元素，由于植株来源、生长环境、遗传因素和收获条件的不同，玫瑰茄的营养成分可能会存在着一定差异（谢学方等，2019）。

1. 叶片的化学成分

玫瑰茄叶片类型有红叶和绿叶两种。红叶玫瑰茄的鲜叶和干叶营养成分含量如表9-1所示，绿叶玫瑰茄的叶片中含有 β-谷甾醇-β-D-半乳糖苷（Cobley，Steele，1962）。

表9-1　玫瑰茄叶片的营养成分含量

营养成分	鲜叶含量（g/kg）	干叶含量（g/kg）
还原糖	2.4	14.9
蛋白质	22.1	202.0
脂肪	5.0	27.0
总酸	9.55	25.22
钙	2.095	18.499
铜	1.8	12.7

（续）

营养成分	鲜叶含量（g/kg）	干叶含量（g/kg）
铁	13.7	123.0
铝	5.13	98.1
砷	0.012	0.018

资料来源：Cobley L S，Steele W M，1962. An introduction to botany of tropical crops [M]. Longman Group U. K.

玫瑰茄叶片在非洲作为常见的绿色蔬菜（Babalola et al.，2001）食用。撒哈拉以南非洲地区的人均蔬菜消费量远远低于每日 200g 的推荐摄入量，特别是绿叶蔬菜（Mnzava，1997），常常引起营养缺乏疾病，而玫瑰茄叶片富含的植物蛋白、脂肪、矿物质、维生素、粗纤维和抗坏血酸对非洲人常见的夜盲症、维生素 C 缺乏病和佝偻病等营养缺乏疾病具有良好的食疗作用。

2. 花的化学成分

玫瑰茄的花冠呈黄色、粉红色或紫红色，其色素为黄酮苷类，主要成分是木槿苷、玫瑰茄苷和棉花苷。除上述黄酮类化合物，花瓣中检出了槲皮黄素和杨梅黄素。花瓣中含有 4 种不含氮的有机酸，即乙醇酸、柠檬酸、酒石酸和草酸（曾华庭等，1980）。

3. 花萼的化学成分

玫瑰茄花萼含有丰富的蛋白质、有机酸、维生素、氨基酸、矿物质、纤维素、半纤维素及大量天然色素。玫瑰茄色素是花青苷素，主要化学成分为无毒、无不良作用的飞燕草素-3-接骨木二糖苷和矢车菊素-3-接骨木二糖苷。

鲜花萼含水率约 90%，干燥率 1/10，风干萼片含水率 14%～15%（鞠玉栋和吴维坚，2009），吸水膨胀率达 250%，热水可溶物达 30%（陈建白等，1987）。玫瑰茄鲜花萼和干花萼均含有丰富的营养成分（表 9-2，表 9-3）和氨基酸（表 9-4）。

表 9-2　玫瑰茄鲜花萼营养成分含量

营养成分	含量（%）	营养成分	含量（%）	营养成分	含量（%）
蛋白质	0.45	维生素 C	0.93	果胶	1.39
淀粉	1.76	B 族维生素	0.21	糖分（按葡萄糖计）	2.55
灰分	1.34	胡萝卜素	0.01	水分	87.86

资料来源：李升锋，等，2003. 玫瑰茄资源的开发利用 [J]. 食品科技（6）：86-88，91.

表 9 - 3 玫瑰茄干花萼营养元素含量

营养成分	含量 (%)	营养成分	含量 (mg·g^{-1})	营养成分	含量 (μg/g)
总花青苷	1.0～1.5	钙	10.536	锌	36.306
有机酸	10～15	钾	0.112	铁	247.236
还原糖	16	镁	5.714	锰	194.098
蛋白质	3.5～7.9	钠	0.051	铜	6.487
纤维	11				
17 种氨基酸	1				

资料来源：李泽鸿，等，2008. 玫瑰茄中营养元素的分析研究 [J]. 中国野生植物资源，27（1）：61 - 62.

表 9 - 4 玫瑰茄花萼氨基酸含量

氨基酸	含量 (mg/100g)	氨基酸	含量 (mg/100g)	氨基酸	含量 (mg/100g)
天冬氨酸	1 050～1 630	酪氨酸	144～220	丝氨酸	265～350
谷氨酸	720～885	胱氨酸	87～130	异亮氨酸	270～300
脯氨酸	560～582	苯丙氨酸	100～232	苏氨酸	236～300
亮氨酸	421～500	缬氨酸	333～380	组氨酸	119～150
赖氨酸	277～390	丙氨酸	346～370	蛋氨酸	65～100
甘氨酸	247～380	精氨酸	360～448		

资料来源：Glew R H，et al，1997. Amino acid，fatty acid，and mineral composition of 24 indige-nous plants of Burkina Faso [J]. Journal of Food Composition and Analysis，110（3）：205 - 217. Mor-ton J，1987. Fruits of warm climates - Roselle [M]. Winterville，N C：281 - 286.

4. 种子的化学成分

玫瑰茄种子含油量为 18%～22%，粗蛋白含量为 25%～28%。种子油包含硬脂酸 23.1%、油酸 29.2%、亚油酸 44.4%、环氧油酸 3.3% 等脂肪酸，油酸与亚油酸的总和为 72%～83%，可作为一种优良的食用油。玫瑰茄籽油中，甾醇的总量为 4.5mg/g，种子中分离出的甾醇中含胆甾醇 5.1%、麦角甾醇 3.2%、菜油甾醇 16.5%、豆甾醇 4.1%、β-谷甾醇 63.1%、α-菠菜甾醇 10%（R. B. 萨里姆等，1980）。

玫瑰茄种子含 18 种氨基酸，其中谷氨酸、精氨酸和天冬氨酸为主要的氨基酸，亮氨酸，赖氨酸和苯丙氨酸为必要氨基酸（陈泽林，1986）。此外，玫瑰茄种子含有钾、钠、钙和镁等矿质元素和顺式-12，13-环氧-顺式-9-十八烯酸、苹果酸、锦葵酸等三种稀有的酸（徐雄和陈汉霄，1986）。

5. 茎秆的化学成分

玫瑰茄茎秆分茎秆皮和茎秆芯。茎秆皮含水分 13.13%、酸溶木质素 12.23%、纤维素 44.6%、多戊糖 12.03%、灰分 8.23%；茎秆芯含水分 10.55%、酸溶木质素 17.22%、纤维素 41.48%、多戊糖 17.51%、灰分 3.32%（赖寿永等，1989）。

第二节　玫瑰茄的药用价值和保健作用

玫瑰茄于 2020 年被列入国家卫生健康委员会公布的可用于保健食品的物品名单，玫瑰茄花萼富含花青素（花青素类属黄酮类化合物）、多酚、多糖、黄酮等生物活性成分，玫瑰茄花萼提取物是保健食品和药品制剂以及发挥药理功能的主要物质，这些活性物质具有很高的药用价值和保健作用。

1. 保健食品

玫瑰茄可作为保健食品的成分之一，如加工为玫瑰茄茶、玫瑰茄保健酒等。

从中药角度看，玫瑰茄花萼性凉、味酸、归肾经，其功效主要是敛肺止咳、降血压、解酒，最主要是主肺虚、咳嗽，对于高血压、醉酒有作用（黎晓霞，2015）。玫瑰茄花萼茶是非常好的保健饮品，有消暑解热、解疲劳、止咳生津的疗效，同时促进胃肠道的蠕动，改善胃胀、腹胀。

2. 药品制剂

玫瑰茄可用于制成抗菌剂、收敛剂、利胆剂、润滑剂、消化剂、利尿剂、润肤剂、通便剂、清凉剂、消散剂、镇静剂、健胃剂和强壮剂等药品。在埃及，玫瑰茄花萼被广泛用于治疗心脏和神经的疾病；在印度，玫瑰茄花萼可作为利尿、抗维生素 C 缺乏病等药物；在塞内加尔，玫瑰茄花萼被推荐为杀菌剂、驱肠虫剂和降血压剂（Shahidi et al.，2005）。玫瑰茄提取物具有较高的降血压作用（Ojeda et al.，2010），主要通过减少毛细血管和肌细胞之间的扩散距离实现降血压（Inuwa et al.，2012）；玫瑰茄花青素提取物抑制肿瘤生长、肺转移、肿瘤血管生成、黑色素瘤细胞（B16-F1）的迁移、人脐静脉血管内皮细胞（HUVECs）管的形成（Ching-Chuan et al.，2018）；玫瑰茄多酚提取物对人结肠癌细胞（DLD-1）具有显著的抗转移作用（Chi-Chou et al.，2018）；玫瑰茄的花色素提取物可以诱导人乳腺癌细胞的自噬与坏死，有效降低其存活率（Wu et al.，2016）。

3. 玫瑰茄药理作用

国内外学者对玫瑰茄的药理作用进行了广泛的研究，已经证实玫瑰茄具有抗氧化、利尿排石、抗肿瘤、降血脂、抗糖尿病及并发症、降血压等等功效，具有很高的药用价值和保健作用（表9-5）。

表9-5 玫瑰茄药用价值及应用

功能特性	药理作用
抗氧化	玫瑰茄花萼水提物能够抑制亚油酸、卵磷脂的过氧化反应 玫瑰茄花萼水提物能够抑制由 Cu^{2+} 引起的 LDL 氧化，效果与提取物的浓度有关（Da-Costa-Rocha et al.，2014；Essa et al.，2006；Ajiboye et al.，2011；Lee et al.，2012）
抗癌	玫瑰茄花萼饮料能抑制胸腺、卵巢以及子宫中癌细胞的增殖，影响效果随着浓度的增加而增强，且不同贮藏期没有表现出明显的差异（Chiu et al.，2015；Tsai et al.，2014）
降血压	玫瑰茄花萼提取物能够抑制二羧肽酶（ACE）的活性，这种酶能将血管紧张肽 I 转化为血管紧张素 II，而后者是一种有效的血管收缩剂（Inuwa et al.，2012；Ajay et al.，2007）
降血脂	玫瑰茄花萼的醇提物对大鼠体内的胆固醇、LDL 和甘油三酯含量均有降低作用，能降低极低密度脂蛋白胆固醇（VLDL-C）、增加血清中高密度脂蛋白胆固醇（HDL-C）的浓度（Ochani et al.，2009；Pérez-Torres et al.，2014；Chang et al.，2006）
降血糖	玫瑰茄花萼提取物能够增加过氧化氢酶和谷胱甘肽酶的活性，减少脂质的过氧化，而氧化应激是造成高血糖的因素之一（Gosain S et al.，2015）
利尿	玫瑰茄花萼的水提物能够明显减少大鼠尿液中钠和钾的含量，提高氢氯噻嗪（利尿药）的利尿效果（Woottisin et al.，2011；Laikangbam et al.，2012）
降烧	服用玫瑰茄花萼水提物和醇提物后，由酵母致热的大鼠体温出现了降低，醇提物的降烧效果更好，这可能是由于玫瑰茄提取物减少了细胞激素等致热物质的产生（Wantana et al.，2007；Erl-Shyh et al.，2009；Ali et al.，2014）
抗糖尿病及并发症	玫瑰茄提取物可明显改善胰岛素抵抗、上皮间质转化（EMT）、高胰岛素血症状态，明显改善餐后高血糖症，降低 DPP-4、高葡萄糖诱导血管紧张素 II 受体-1（AT-1）、波形蛋白和纤连蛋白的水平，逆转胰高血糖素样肽-1 受体（GLP-1R）的体内代偿，对链脲佐菌素诱导的 I 型糖尿病合并肾病模型显示出保护肾脏作用，对肾重下降和近曲小管的水肿症状有明显的改善（Peng et al.，2014；Adisakwattana et al.，2012；Huang et al.，2015；Wang et al.，2011；Lee et al.，2009）
其他	玫瑰茄花萼醇提物能抑制口腔中致病细菌细胞膜的形成和生长，花萼提取物能够抑制从番茄中分离的沙门氏菌的生长（Gutiérrez-Alcántara et al.，2015），在一定条件下能够降低人体猫杯状病毒（FCV-F9）、鼠诺沃克病毒（MNV-1）和甲型肝炎病毒（HAV）的含量（Joshi et al.，2015）

参考文献
REFERENCES

卜泗，1982. 玫瑰茄简介［J］. 天津食品科研（3）：31 - 32.

陈建白，纪毅，赵淑娟，1987. 玫瑰茄花萼综合利用研究［J］. 云南热作科技（2）：22 - 24.

陈木赠，刘东风，庄彪，林福珍，2001. 玫瑰茄籽油的开发研究［J］. 中国油脂（5）：10 - 11.

陈沁雯，于亚辉，刘斌雄，林城希，方婷，2020. 玫瑰茄花萼的生物活性及开发利用研究进展［J］. 安徽农学通报，26（6）：49 - 53.

陈泽林，1986. 玫瑰茄：食品和药物的新资源［J］. 海南大学学报：自然科学版（4）：70 - 71.

戴志刚，粟建光，陈基权，龚友才，路颖，宋宪友，2012. 我国麻类作物种质资源保护与利用研究进展［J］. 植物遗传资源学报，13（5）：714 - 719.

樊昌密，徐广益，2007. 苹小卷叶蛾在临猗县的发生与防治［J］. 山西农业：致富科技（3）：37 - 38.

福建省经济植物研究所热作研究室，1974. 介绍一种热带经济植物——玫瑰茄［J］. 亚热带植物通讯（2）：24 - 25.

耿华，1996. 关于玫瑰茄饮料的试验研究［J］. 饮料工业（1）：21 - 24.

谷山林，王介平，吕金凤，王小燕，2020. 大青叶蝉的综合防控［J］. 畜禽业，31（5）：11 - 13.

郭红辉，陈凤霞，2019. 一种含有玫瑰茄提取物的美白保湿面膜精华液及其制备方法［P］. 中国，CN 109431894 A，03 - 08.

何伟俊，曾荣，陈甜妹，何锡媛，2019. 一种玫瑰茄果酱及其制作方法［P］. 中国，CN 109998064 A，07 - 12.

何锡媛，曾荣，方舒婷，何伟俊，2019. 一种玫瑰茄复合果酱及其制作方法［P］. 中国，CN 110214916 A，09 - 10.

贺朋会，2006. 卷叶虫暴发原因与防治方法［J］. 西北园艺：果树（3）：30.

侯文焕，赵艳红，廖小芳，唐兴富，李初英，2019. 不同采收时间对玫瑰茄种子质量的影响［J］. 西南农业学报，32（12）：2913 - 2918.

侯文焕，赵艳红，廖小芳，唐兴富，李初英，2020. 采收时间对玫瑰茄萼片产量及营养成分的影响［J］. 核农学报，34（11）：2623 - 2627.

贾代涛，卢立新，潘嫊，卢莉璟，2019. 改性花青素涂覆聚丙烯新鲜度指示膜的制备与研

究 [J]. 功能材料，50 (6)：6211 - 6215.

金建良，2007. 栽培"红桃 K"技巧 [J]. 四川农业科技 (11)：35.

鞠玉栋，吴维坚，2009. 玫瑰茄化学成分及其综合利用 [J]. 中国园艺文摘，25 (12)：171 - 172.

赖寿永，唐兴平，陈学榕，魏起华，1989. 新造纸原料——玫瑰茄杆的化学组成及纤维形态 [J]. 生物质化学工程 (6)：18 - 21.

黎晓霞，2015. 功能型玫瑰茄饮料的工艺研究 [J]. 轻工科技 (12)：12 - 13.

李国强，许庆鹏，李韵仪，赵怡婷，2019. 一种玫瑰茄复合饮料及其制备方法 [P]. 中国，CN 109170402 A，01 - 11.

李会忠，2011. 玫瑰茄套种玉米高产栽培技术 [J]. 云南农业 (7)：13.

李升锋，刘学铭，朱志伟，黄儒强，吴继军，陈智毅，2003. 玫瑰茄资源的开发利用 [J]. 食品科技 (6)：86 - 88，91.

李升锋，徐玉娟，张友胜，吴继军，唐道邦，温靖，2007. 壳聚糖澄清玫瑰茄提取液工艺的研究 [J]. 食品研究与开发，28 (9)：81 - 85.

李斯煌，关龙庆，1980. 多种用途的玫瑰茄 [J]. 植物杂志 (5)：13.

李秀芬，朱建军，张建锋，殷丽青，2015. 玫瑰茄引种栽培与应用研究进展 [J]. 上海农业学报 31 (5)：136 - 139.

李泽鸿，邓林，刘树英，刘洪章，2008. 玫瑰茄中营养元素的分析研究 [J]. 中国野生植物资源，27 (1)：61 - 62.

梁启明，1982. 介绍一种新兴的经济植物 玫瑰茄 [J]. 韩山师范学院学报 (1)：18 - 19.

林东生，1990. 橡胶园套种玫瑰茄初探 [J]. 福建热作科技 (2)：33 - 34.

刘雪辉，王振，吴琪，刘林峰，李佳银，陆英，2014. 高速逆流色谱法分离玫瑰茄中的花色苷 [J]. 现代食品科技，30 (1)：190 - 194.

刘颖，赵晓娟，洪杰，张合亮，2021. 一种美白祛斑且预防泌尿系统感染的组合物及其制备方法和应用 [P]. 中国，CN 108042663 B，01 - 22.

吕德文，2012. 磷胁迫对玫瑰茄幼苗生理生化作用的影响 [J]. 安徽农学通报，18 (21)：83 - 86.

马婧，王一飞，曹薇，2019. 一种含有玫瑰茄的减肥膏及其制备方法 [P]. 中国，CN 108815060 B，05 - 24.

萨里姆 R B，依布拉辛 S A，曾华庭，1980. 玫瑰茄种子油中的麦角甾醇 [J]. 亚热带植物通讯 (1)：67 - 68.

石轫，2005. 非洲"玫瑰茄"致富好帮手 [J]. 农家致富 (23)：13.

唐兴富，李初英，赵艳红，侯文焕，2017. 广西南宁市玫瑰茄引种栽培试验 [J]. 南方园艺，28 (3)：13 - 16.

万文婷，潘慧敏，肖伟，许利嘉，肖培根，2014. 非洲别样茶的研究进展 [J]. 现代药物与临床（1）：92-96.

王迪轩，周国锋，2012. 如何识别与防治棉小造桥虫［J］. 农药市场信息（20）：41.

王丽霞，肖丽霞，刘静娜，赖志源，2018. 一种玫瑰茄华夫饼及其制备方法［P］. 中国，
　　CN108208093A，04-12.

王建化，王彩慧，郭玉峰，张玲玲，2019. 菊花、洛神花复合果酱的研制［J］. 中国调味
　　品，44（4）：118-125.

王一飞，吴燕婷，2021. 一种玫瑰茄干细胞冻干粉眼霜及其制备方法［P］. 中国，CN
　　108721202 B，06-29.

谢晓美，粟建光，陈基权，2007. 麻类种质资源遗传多样性评价研究进展［J］. 中国麻业
　　科学（3）：162-165.

谢学方，李艺坚，丰明，刘钊，2019. 玫瑰茄栽培及其在食品工业应用研究进展［J］. 食
　　品研究与开发，40（2）：178-182.

徐雄，陈汉霄，1986. 玫瑰茄种子油成分、营养和毒性评价：译述［J］. 亚热带植物通讯
　　（1）：36-42.

许立松，马银海，2009. 大孔树脂吸附法提取玫瑰茄红色素［J］. 食品科学，30（12）：
　　120-122.

杨成东，2018. 一种玫瑰茄曲奇饼干及其制备方法［P］. 中国，CN 108651589 A，10-16.

叶春勇，梁红，蒋行根，池广友，2001. 玫瑰茄花色素的稳定性研究［J］. 浙江柑橘，18
　　（4）：5-7.

叶敬用，2015. 玫瑰茄"H190"品种特征特性及高产栽培技术要点［J］. 东南园艺，3
　　（2）：58-59.

余华，颜军，王小军，2003. 玫瑰茄红色素微波提取工艺的优化研究［J］. 广州食品工业
　　科技，19（4）：48-49.

余丽莉，庄文彬，董须光，2007. 玫瑰茄在漳浦县的种植表现及高产优质栽培［J］. 福建
　　农业科技（2）：27.

元健雄，1992. 有待开发的珍贵植物：玫瑰茄［J］. 广东农业科学（3）：49.

张学才，项秀珠，1989. 玫瑰茄北移驯化及其系列食品饮料提制技术的初步研究［J］. 热
　　带作物科技（6）：11-14.

赵艳红，侯文焕，廖小芳，唐兴富，李初英，洪建基，2022. 花样玫瑰茄：带你领略玫瑰
　　茄的味道［M］. 北京：中国农业出版社.

赵艳红，侯文焕，廖小芳，唐兴富，李初英，2020. 不同日照时长对玫瑰茄主要农艺性状
　　的影响［J］. 作物杂志（2）：172-175.

钟旭美，陈铭中，刘和平，2019. 一种玫瑰茄红肉火龙果醋饮料及其制备方法［P］. 中国，
　　CN 109156676 A，01-08.

周建志，2019. 一种玫瑰茄米花糖［P］. 中国，CN 109380583 A，02-26.

Adisakwattana S, Ruengsamran T, Kampa P, Sompong W, 2012. In vitro inhibitory effects of plant - based foods and their combinations on intestinal α - glucosidase and pancreatic α - amylase [J]. Bmc Complementary and Alternative Medicine, 12 (1): 110.

Ajay M, Chai H J, Mustafa A M, Gilani A H, Mustafa M R, 2007. Mechanisms of the antihypertensive effect of *Hibiscus sabdariffa* L. calyces [J]. Journal of ethnopharmacology, 109 (3): 388 - 393.

Ajiboye T O, Salawu N A, Yakubu M T, Oladiji A T, Akanji M A, Okogun J I, 2011. Antioxidant and drug detoxification potentials of *Hibiscus sabdariffa* anthocyanin extract [J]. Drug and Chemical Toxicology, 34 (2): 109.

Akanbi W B, Olaniyan A B, Togun A O, Ilupeju A E O, Olaniran O A, 2009. The effect of organic and inorganic fertilizer on growth, calyx yield and quality of roselle (*Hibiscus sabdariffa* L.) [J]. American - Eurasian Journal of Sustainable Agriculture, 3 (4): 652 - 657.

Ali S a E, Mohamed A H, Mohammed G E E, 2014. Fatty acid composition, anti - inflammatory and analgesic activities of *Hibiscus sabdariffa* Linn. seeds [J]. Journal of Advanced Veterinary and Animal Research, 1 (2): 50 - 57.

Antonia Y T, Nii A A, Nancy C, Achana N, 2019. Genetic diversity, variability and characterization of the agro - morphological traits of Northern Ghana roselle (*Hibiscus sabdariffa* var. *altissima*) accessions [J]. African Journal of Plant Science, 13 (6): 168 - 184.

Babalola S O, Babalola A O, Aworh O C, 2001. Compositional attributes of the calyces of roselle (*Hibiscus sabdariffa* L.) [J]. Journal of Food Technology in Africa, 6 (4): 133 - 134.

Chang Y C, Huang K X, Huang A C, Ho Y C, Wang C J, 2006. Hibiscus anthocyaninsrich extract inhibited LDL oxidation and oxLDL mediated macrophages apoptosis [J]. Food Chem Toxicol, 44 (7): 1015 - 1023.

Chi - Chou H, Chia - Hung H, Ching - Chun C, et al, 2018. Hibiscus sabdariffa, polyphenolenriched extract inhibits colon carcinoma metastasis associating with FAK and CD44/c - MET signaling [J]. Journal of Functional Foods, 48: 542 - 550.

Ching - Chuan S, Chau - Jong W, Kai - Hsun H, et al, 2018. Anthocyanins from Hibiscus sabdariffa calyx attenuate in vitro and in vivo melanoma cancer metastasis [J]. Journal of Functional Foods, 48: 614 - 631.

Chiu C T, Hsuan S W, Lin H H, Hsu C C, Chou F P, Chen J H, 2015. Hibiscus sabdariffa leaf polyphenolic extract induces human melanoma cell death, apoptosis, and autophagy [J]. Journal of Food Science, 80 (1 - 3): 649 - 658.

Cobley L S, Steele W M, 1962. An introduction to botany of tropical crops [M]. Longman

Group U. K.

Da‐Costa‐Rocha I, Bonnlaender B, Sievers H, Pischel I, Heinrich M, 2014. *Hibiscus sabdariffa* L. ‐ A phytochemical and pharmacological review [J]. Food Chemistry, 165: 424‐433.

Daudu O A Y, Falusi O A, Dangana M C, Abubakar A, Yahaya S A, Abejide D R, 2015. Collection and evaluation of roselle (*Hibiscus sabdariffa* L.) germplasm in Nigeria [J]. African Journal of Food Science, 9 (3): 92‐96.

Daudu O A Y, Falusi O A, Gana S A, Abubakar A, Oluwajobi A O, Dangana M C, Ya-hya S A, 2016. Assessment of genetic diversity among newly selected roselle (*Hibiscus sabdariffa* Linn.) genotypes in Nigeria using RAPD‐PCR molecular analysis [J]. World Journal of Agricultural Research, 4 (3): 64‐69.

Erl‐Shyh, Kao, Jeng‐Dong, Hsu, Chau‐Jong, Wang, Su‐Huei, Yang, Su‐Ya, Cheng, 2009. Polyphenols extracted from *Hibiscus sabdariffa* L. Inhibited lipopolysaccharide‐induced inflammation by improving antioxidative conditions and regulating cyclooxygenase‐2 expression [J]. Bioence, Biotechnology, and Biochemistry, 73 (2): 385‐390.

Essa M M, Perumal S, Ganapathy S, Tamilarasan M, Dakshayani K B, Ramar S, Sel-varaju S, Govindarajaha V, 2006. Influence of *Hibiscus sabdariffa* (Gongura) on the lev-els of circulatory lipid peroxidation products and liver marker enzymes in experimental hy-perammonemia [J]. Journal of Applied Biomedicine, 4: 53‐58.

Evans D, Al‐Hamdani S, 2015. Selected physiological responses of roselle (*Hibiscus sab-dariffa*) to drought stress [J]. Journal of Experimental Biology and Agricultural Sci-ences, 3 (6): 500‐507.

Gebremedin B D, 2015. Influence of variety and plant spacing on yield and yield attributes of roselle (*Hibiscus sabdariffa* L.) [J]. Science, Technology and Arts Research Journal, 4 (4): 25‐30.

Glew R H, Vanderjagt D J, Lockett C, Grivetti L E, Smith G C, Pastuszyn A, Millson M, 1997. Amino acid, fatty acid, and mineral composition of 24 indigenous plants of Burkina Faso [J]. Journal of Food Composition and Analysis, 110 (3): 205‐217.

Gosain S, Ircchiaya R, Sharma P C, Thareja S, Bhardwaj T R, 2015. Hypolipidemic effect of ethanolic extract from the leaves of *Hibiscus sabdariffa* L. in hyperlipidemic rats [J]. Acta Poloniae Pharmaceutica, 67 (2): 179‐184.

Gutiérrez‐Alcántara E J, Rangel‐Vargas E, Gómez‐Aldapa C A, Falfan‐Cortes R N, Rodríguez‐Marín M L, Godínez‐Oviedo A, Cortes‐López H, Castro‐Rosaset J, 2016. Antibacterial effect of roselle extracts (*Hibiscus sabdariffa*), sodium hypochlorite and acetic acid against multidrug‐resistant salmonella strains isolated from tomatoes [J].

Letters in Applied Microbiology, 62 (2): 177 - 184.

Hiron N, Alam N, Ahmed F A, Begum R, Alam S S, 2007. Differential fluorescent banding and isozyme assay of *Hibiscus cannabinus* L. and *H. sabdariffa* L. (*Malvaceae*) [J]. Cytologia, 71 (2): 175 - 180.

Huang C N, Wang C J, Yang Y S, Lin C L, Peng C H, 2015. *Hibiscus sabdariffa* polyphenols prevent palmitate - induced renal epithelial mesenchymal transition by alleviating dipeptidyl peptidase - 4 - mediated insulin resistance [J]. Food and Function, 7 (1): 475 - 482.

Inuwa I, Ali B H, Al - Lawati I, Beegam S, Ziada A, Blunden G, 2012. Long - term ingestion of *Hibiscus sabdariffa* calyx extract enhances myocardial capillarization in the spontaneously hypertensive rat [J]. Experimental Biology and Medicine, 237 (5): 563.

Joshi S S, Dice L, D'Souza D H, 2015. Aqueous Extracts of *Hibiscus sabdariffa* calyces decrease hepatitis a virus and human norovirus surrogate titers [J]. Food and Environmental Virology, 7 (4): 366 - 373.

Laikangbam R, Devi M D, 2012. Inhibition of calcium oxalate crystal deposition on kidneys of urolithiatic rats by *Hibiscus sabdariffa* L. extract [J]. Urological Research, 40 (3): 211 - 218.

Lee C H, Kuo C Y, Wang C J, Wang C P, Lee Y R, Hung C N, Lee H J, 2012. A polyphenol extract of *Hibiscus sabdariffa* L. ameliorates acetaminophen - induced hepatic steatosis by attenuating the mitochondrial dysfunction in vivo and in vitro [J]. Journal of the Agricultural Chemical Society of Japan, 76 (4): 646 - 651.

Lee W C, Wang C J, Chen Y H, Hsu J D, Cheng S Y, Chen H C, Lee H J, 2009. Polyphenol Extracts from *Hibiscus sabdariffa* Linnaeus Attenuate Nephropathy in Experimental Type 1 Diabetes [J]. Journal of Agricultural and Food Chemistry, 57 (6): 2206 - 2210.

Mahapatra A K, Saha A, 2008. Genetic resources of jute and allied fibre crops. Jute and Allied Fibre Updates: Production and Technology [R]. Central Research Institute for Jute and Allied Fibres, Barrackpore, Kolkata, 18 - 37.

Mnzava N A, 1997. Vegetable crop diversification and the place of traditional species in the tropics [J]. Journal of Philosophy, 97 (153): 725 - 738.

Morton J, 1987. Fruits of Warm Climates - Roselle [M]. Winterville, N C: 281 - 286.

Naim A M E, Ahmed S E, 2010. Effect of weeding frequencies on growth and yield of two roselle (*Hibiscus sabdariffa* L) varieties under rain fed [J]. Australian Journal of Basic and Applied Sciences, 4 (9): 4250 - 4255.

Ochani P C, Dmello P, 2009. Antioxidant and antihyperlipidemic activity of *Hibiscus sabdariffa* Linn. leaves and calyces extracts in rats [J]. Indian Journal of Experimental Biology,

47 (4): 276.

Ojeda D, Jim Pnez Ferrer, Enrique, et al, 2010. Inhibition of angiotensin converting enzyme (ACE) activity by the anthocyanins delphinidin - and cyanidin - 3 - O - sambubiosides from *Hibiscus sabdariffa* [J]. Journal of Ethnopharmacology, 127 (1): 7 - 10.

Okosun L A, Magaji M D, Yakubu A I, 2010. The Effect of nitrogen and phosphorus on growth and yield of roselle (*Hibiscus sabdariffa* var. *sabdariffa* L.) in a semi srid agro - ecology of Nigeria [J]. Journal of Plant Sciences, 5 (2): 194 - 200.

Peng C H, Yang Y S, Chan K C, Wang C J, Chen M L, Huang C N, 2014. *Hibiscus sabdariffa* polyphenols alleviate insulin resistance and renal epithelial to mesenchymal transition: a novel action mechanism mediated by type 4 dipeptidy l peptidase [J]. Journal of Agricultural and Food Chemistry, 62 (40): 9736 - 9743.

Pérez - Torres I, Zúiga M A, Beltrán - Rodríguez U, Díaz - Díaz E, Martínez - Memije R, Guarner Lans V, 2014. Modification of the liver fatty acids by *Hibiscus sabdariffa* Linnaeus (*Malvaceae*) infusion, its possible effect on vascular reactivity in a metabolic syndrome model [J]. Clinical and Experimental Hypertension, 36 (3): 123 - 131.

Plotto A, Mazaud F, R? ttger A, Steffel K, 2004. Hibiscus: post - production management for improved market access [M] // Food and Agriculture Organization of the UN (FAO) .

Sabiel S A I, Ismail M I, Osman K A, Sun D, 2014. Genetic variability for yield and related attributes of roselle (*Hibiscus sabdariffa* L.) genotypes under rain - fed conditions in a semi - arid zone of Sudan [J]. Persian Gulf Crop Protection, 3 (1): 33 - 40.

Sarojini G, Rao K C, Geervani P, 1985. Nutritional evaluation of refined, heated and hydrogenated *Hibiscus sabdariffa* seed oil [J]. Journal of the American Oil Chemists Society, 62 (6): 993 - 996.

Seghatoleslami M J, Mousavi S G, Barzgaran T, 2013. Effect of irrigation and planting date on morpho - physiological traits and yield of roselle (*Hibiscus sabdariffa*) [J]. The Journal of Animal and Plant Sciences, 23 (1): 256 - 260.

Shahidi F, Ho C T, 2005. Phenolic compounds in foods and natural health products [M]. Oxford University Press: 114 - 142.

Sharma H K, Sarkar M, Choudhary S B, Kumar A A, Maruthi R T, Mitra J, Karmakar P G, 2016. Diversity analysis based on agro - morphological traits and microsatellite based markers in global germplasm collections of roselle (*Hibiscus sabdariffa* L.) [J]. Industrial Crops and Products (89): 303 - 315.

Tahir H E, Arslan M, Mahunu G K, Mariod A A, Wen Z, Xiaobo Z, Xiaowei H, Jiyong S, El - Seedi H, 2020. Authentication of the geographical origin of roselle (*Hibiscus sab-*

dariffa L) using various spectroscopies: NIR, low – field NMR and fluorescence [J]. Food Control, 114: 107231.

Tsai T C, Huang H P, Chang Y C, Wang C J, 2014. An anthocyanin – rich extract from *Hibiscus sabdariffa* Linnaeus inhibits N – nitrosomethylurea – induced leukemia in rat [J]. Journal of Agricultural and Food Chemistry, 62 (7): 1572 – 1580.

Wang S C, Lee S F, Wang C J, Lee C H, Lee W C, Lee H J, 2011. Aqueous Extract from *Hibiscus sabdariffa* Linnaeus Ameliorate Diabetic Nephropathy via Regulating Oxidative Status and Akt/Bad/14 – 3 – 3γ in an Experimental Animal Model [J]. Evidence – Based Complement Alternative Medicine, 938126.

Wantana R, Arunporn I, 2007. Antipyretic activity of the extracts of *Hibiscus sabdariffa calyces* L. in experimental animals [J]. Songklanakarin Journal of Science & Technology, 29 (1): 29 – 38.

Woottisin S, Hossain R Z, Yachantha C, Sriboonlue P, Ogawa Y, Saito S, 2011. Effects of orthosiphon grandiflorus, *Hibiscus sabdariffa* and phyllanthus amarus extracts on risk factors for urinary calcium oxalate stones in rats [J]. Journal of Urology, 185 (1): 323 – 328.

Wu C H, Huang C C, Hung C H, et al, 2016. Delphinidin – rich extracts of *Hibiscus sabdariffa* L. trigger mitochondria – derived autophagy and necrosis through reactive oxygen species in human breast cancer cells [J]. Journal of Functional Foods, 25: 279 – 290.

Zhai X, Shi J, Zou X, Wang S, Jiang C, Zhang J, Huang X, Zhang W, Holmes M, 2017. Novel colorimetric films based on starch/polyvinyl alcohol incorporated with roselle anthocyanins for fish freshness monitoring [J]. Food Hydrocolloids (69): 308 – 317.

Zhang J J, Zou X B, Zhai X D, Huang X W, Jiang C P, Holmes M, 2019. Preparation of an intelligent pH film based on biodegradable polymers and roselle anthocyanins for monitoring pork freshness [J]. Food Chemistry, 30 (272): 306 – 312.